● 中等职业学校机械电子类专业系列教材

极限配合与技术测量

汪文俊　林　森　主　编
徐　明　陈新宝　副主编
陆　辉　宋小萍　参　编
孙　成　主　审

科学出版社
北　京

内 容 简 介

本书共分为7章，包括概论、极限与配合、技术测量基础知识、光滑圆柱体测量、形位公差及其检测、表面粗糙度与测量、典型零件表面的公差与配合。

本书采用最新国家标准，在讲清概念以及标准应用的同时，着重介绍各种常用的测量方法，编写了众多的操作实训题和实例，并增加了不少图表，以满足教学和进一步自学的需要。

本书可用于中等职业学校机械类、机电类专业的技术基础课程教材，也可用于中级技术工人的培训用教材，还可供有关的工程技术人员参考书。

图书在版编目(CIP)数据

极限配合与技术测量/汪文俊，林森主编．—北京：科学出版社，2009

(中等职业学校机械电子类专业系列教材)

ISBN 978-7-03-024021-7

Ⅰ．极… Ⅱ．①汪…②林… Ⅲ．①公差：配合-专业学校-教材②技术测量-专业学校-教材 Ⅳ．TG801

中国版本图书馆CIP数据核字(2009)第019824号

责任编辑：何舒民 杨 阳/责任校对：赵 燕

责任印制：吕春珉/封面设计：东方人华平面设计部

科学出版社 出版

北京东黄城根北街16号

邮政编码：100717

http://www.sciencep.com

新科印刷有限公司 印刷

科学出版社发行 各地新华书店经销

*

2009年4月第 一 版 开本：787×1092 1/16

2021年7月第十次印刷 印张：11

字数：236 000

定价：33.00元

(如有印装质量问题，我社负责调换〈新科〉)

销售部电话 010-62134988 编辑部电话 010-62137154(ST03)

前　言

“极限配合与技术测量”是一门与现代工业发展紧密相关的基础学科，是机械类、机电类各专业的主干技术基础课程，是为适应培养现代工业发展需要应用型技能人才的重要教材。

本书根据全国中等职业技术学校机械类专业教学计划与教学大纲编写，其中的标准全部依据最新颁布的国家标准。

本书可作为中等职业学校机械类、机电类专业的技术基础课程教材，也可作为中级技术工人的培训用教材，还可供有关的工程技术人员参考。

本书编写的指导思想和特点：

1. 力求涵盖机械类、机电类国家职业资格中级有关极限配合与技术测量的知识和技能（应知、应会）的全部要求。

2. 突出职业技术教育的特色，以培养实践技能为主旨，加强实践性教学内容。书中特别编写了众多的操作实训题和实例，以提高学生相应的能力。

3. 本教材的重点实例均以图表形式表示，形成与全套教材的整体配合，并适当增加图片和实物照片，使学生有更加直观的认知环境，以加深对国家标准的理解，也便于在今后的工作中使用和参考。

4. 为满足进一步教学和自学的需要，适当增加了公差原则、圆锥公差等方面的内容。

本书由汪文俊、林森主编并统稿，徐明、陈新宝副主编，陆辉、宋小萍参加了编写。

由于作者水平有限，书中难免存在不足之处，诚挚欢迎读者批评、指正。

目 录

第1章

概　论

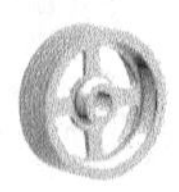

1.1 互换性的基本概念

1. 互换性的概念

现代机械工业生产规模越来越大，技术要求高，生产协作广泛，许多产品要涉及数十个甚至上百个生产企业，生产点遍布全国各地，甚至世界各地，这样一个复杂、严密的生产组合，必须进行高度专业化协作生产，就是将组成机器的各个零、部件，分别由各专业厂或车间组织成批生产，最后集中装配成完整的机械产品。要做到这一点，就必须采用互换性原则。

互换性是指从大批量生产出的同一规格的一批零件或部件中，任意取出一件，不需再经过任何选择或修配，便可直接安装到机器所在部位上去，并能完全符合规定的使用性能要求的一种技术特性。

互换性是现代化生产的一个重要技术经济原则，它普遍应用于机械设备和各种家用产品的生产中。例如，机器上所使用的螺钉、螺栓螺母、键销及齿轮等常用件(图 1.1)，如果磨损或脱落了，只要换上一个相同规格的，则机器就能重新满足使用性能的要求。

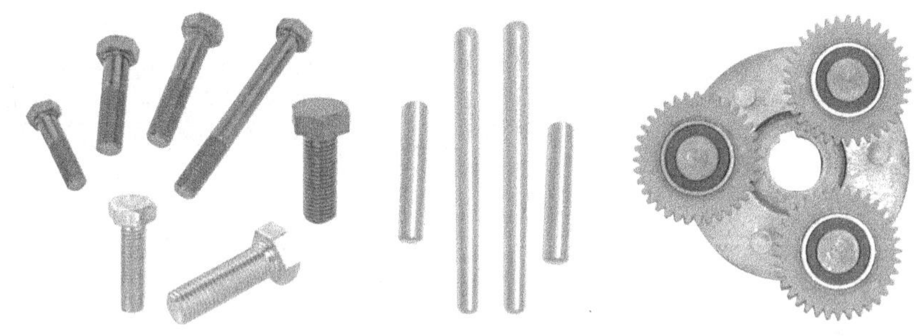

图 1.1　螺栓、圆柱销及齿轮

在日常生活中，互换性的例子也有很多。例如，日光灯的灯管坏了，换上一个相同规格的新灯管(图 1.2)，则日光灯又能重新发光。又如手机电池板没电了，换上一块同型号的电池板(图 1.3)，手机就能恢复正常使用。

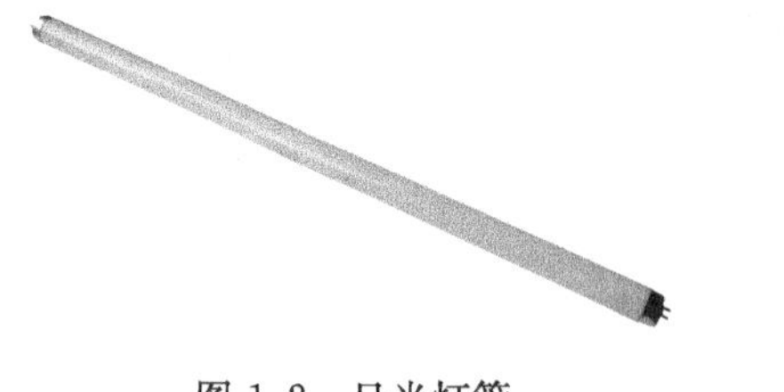

图 1.2　日光灯管

图 1.3　手机电池板

2. 互换性的种类及应用

互换性按其程度和范围不同，可分为完全互换和不完全互换。

完全互换是指零、部件在装配或更换时，不作任何挑选和修配，装配后就能满足预定的使用要求的互换，也称为绝对互换。由于其装配操作简便，生产效率高，零件磨损后，便于更换，因此在生产中得到广泛应用，但当装配精度要求较高时，则零件的加工精度要求就很高。这样将导致加工困难，制造成本过高，甚至无法加工，这时则可采用不完全互换。

不完全互换就是指零、部件在装配时允许挑选、调整，但不允许修配，装配后能满足使用性能要求的互换，又称为有限互换，如分组选配法即属典型的不完全互换。

一般来说，在厂际协作或配件生产，对互换程度要求较高或大批量生产时，应采用完全互换。而对于部件或构件在同一厂内部制造和装配时，对互换程度要求不高或单件、小批量生产时，可采用不完全互换。

3. 互换性的重要性

互换性原则广泛用于机械制造中的产品设计、零件加工、产品装配、机器的使用和维修等各个方面。

在设计方面，可以最大限度地采用标准件、通用件和标准部件，大大简化了绘图和计算工作，缩短了设计周期，并有利于计算机辅助设计和产品的多样化。

在制造方面，有利于组织专业化生产，便于采用先进工艺和高效率的专用设备，有利于计算机辅助制造，及实现加工过程和装配过程的机械化、自动化，有利于提高产品质量、降低成本和减轻劳动强度。

在使用维修方面，减少了机器的使用、维修的时间和费用，提高了机器的使用价值。

零、部件的互换性既包括其几何参数(如形状、尺寸)的互换，也包括机械性能(如强度、硬度)的互换。本课程仅论述几何参数的互换性。

知识链接

1)经济性原则：工艺性 、合理的精度要求、合理选材、合理的调整环节、能提高使用寿命。

2)互换性原则：机械零件几何参数的互换性是指同种零件在几何参数方面能够彼此互相替换的性能。

3)分组选配法：将一批零件逐一测量后，按实际尺寸的大小分成若干组，然后将尺寸大的包容件(如孔)与尺寸大的被包容件(如轴)相配，将尺寸小的包容件与尺寸小的被包容件相配。

1.2 标准化与技术测量

1. 加工误差与公差

要保证零件具有互换性，就必须保证零件几何参数的准确性，但是零件在加工过程中由于受加工设备、工具及工作环境和操作者技术水平等条件的限制，加工出

的零件不可能与图样上给出的理想几何参数完全一致。零件的实际状态与理想状态之间的差别，称为加工误差。按零件几何参数的不同误差形态，加工误差可分为尺寸偏差、形状误差、位置误差、表面粗糙度等。

要使具有互换性的产品几何参数完全一致，是不可能的，也是不必要的。在此情况下，要使同种产品具有互换性，只能使其几何参数、功能参数充分近似。其近似程度可按产品质量要求的不同而不同。允许零件几何参数的变动量称为公差。现代化生产的特点是品种多、规模大、分工细和协作多，为使社会生产有序地进行，必须通过标准化使产品规格品种简化，使分散的、局部的生产环节相互协调和统一。

2. 标准化与标准

标准是对重复性事物和概念所作的统一规定，它以科学、技术和实践经验的综合成果为基础，经有关方面协商一致，由主管机构批准，以特定形式发布，作为共同遵守的准则和依据。标准是保证互换性的基础。

标准的范围极广，种类繁多，涉及人类生活的各个方面。标准按不同的级别颁发。我国标准分为国家标准、行业标准、地方标准和企业标准。对需要在全国范围内统一的技术要求，应当制定国家标准，代号为GB；对没有国家标准而又需要在全国某个行业范围内统一的技术要求，可制定行业标准，如机械标准(JB)等；对没有国家标准和行业标准而又需要在某个范围内统一的技术要求，可制定地方标准或企业标准，它们的代号分别用DB、QB表示。

标准化是指标准的制订、发布、修订、完善和贯彻实施的全部活动过程，包括从调查标准化对象开始，经试验、分析和综合归纳，进而制订和贯彻标准，以后还要修订和完善标准等等。标准化是以标准的形式体现的，也是一个不断循环、不断提高的过程。标准化是组织现代化生产的重要手段，是实现互换性生产的基础，是国家现代化水平的重要标志之一，它对科学技术发展起着巨大的推动作用。

知识链接

国际标准化组织(ISO)：在国际上，为了促进世界各国在技术上的统一，成立了国际标准化组织(简称ISO)，由其负责制定和颁发国际标准。为适应现代机械工业发展的需要，我国于1978年恢复参加ISO组织后，陆续修订了自己的标准。修订的原则是，在立足我国生产实际的基础上向ISO靠拢，以利于加强我国在国际上的技术交流和产品互换。

3. 技术检测

制定和贯彻公差标准是实现互换性的基础，而要保证互换性的实现，则必须保证零件的加工精度。由于加工中各种因素的影响，零件的几何量的误差不可避免地存在，但只要将零件几何量的误差控制在一定范围内，就能实现互换性。要确定这一定范围的大小，就必须制定相应的公差标准。要知道零件几何量的误差是否控制在公差范围内，即零件是否合格，就必须具有相应的技术检测措施。

检测包含检验与测量。检验是确定零件的几何参数是否在规定的极限范围内，并作出合格性判断，而不必得出被测量的具体数值的过程。测量是将被测量与作为计量单位的标准量进行比较，以确定被测量的具体数值的过程。

检测不仅用来评定产品质量，而且用于分析产生不合格品的原因，及时调整生产、监督工艺过程，预防废品产生。检测是机械制造的“眼睛”。产品质量的提高，除设计和加工精度的提高外，往往更有赖于检测精度的提高。所以合理地确定公差与正确进行检测，是保证产品质量、实现互换性生产的两个必不可少的条件和手段。

1.3 本课程的任务及要求

本课程是为了给专业课教学和生产实习教学打下必要的基础而开设的，是机械类及相关专业的一门重要的技术基础课，学完本课程后应达到表1.1的要求。

表1.1 本课程的任务及要求

任 务	要 求
1)掌握互换性和标准化的基本概念 2)了解国家标准中有关极限与配合等方面的基本术语、定义和基本规定，掌握其基本计算方法及代号的标注和识读 3)了解形位公差的基本内容及形位公差代号的含义，掌握形位公差代号的标注方法 4)了解表面粗糙度的评定标准及检测方法，掌握其符号、代号的标注方法 5)了解普通螺纹公差的特点，螺纹标记的组成及含义，掌握螺纹的检测方法 6)了解有关测量的基本知识，学会使用常用的测量器具，掌握各种典型零件的测量方法	1)要具有一定的机械制图方面的知识 2)要具备初步的生产实践知识 3)要理论联系实际。要把本课程所学的知识运用到专业课的学习和生产实践中去，通过实践，进一步加深理解和掌握本课程的内容

习 题

1. 什么是互换性?
2. 简述互换性的种类及应用。
3. 举例说明互换性在我们日常生活、生产中的作用。
4. 零件在加工后为什么会产生误差？误差包括哪些内容?
5. 为什么要制定标准？我国的标准有哪些?
6. 为什么说检测是实现互换性的必不可少的手段?

第2章

极限与配合

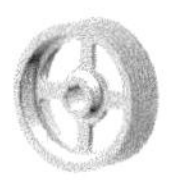

2.1 尺寸的基本术语及定义

尺寸公差与配合是一项重要的标准，是判断一个零件是否合格的基础标准。国家标准为此制定了一系列有关的标准。如：

GB/T 1800.1—1997《极限与配合　基础　第1部分：词汇》

GB/T 1800.2—1998《极限与配合　基础　第2部分：公差、偏差和配合的基本规定》

GB/T 1800.3—1998《极限与配合　基础　第3部分：标准公差和基本偏差数值表》

GB/T 1800.4—1999《极限与配合　标准公差等级和孔、轴的极限偏差表》

GB/T 1801—1999《极限与配合　公差带与配合的选择》等。

2.1.1 尺寸的术语及定义

1. 尺寸

尺寸指以特定单位表示长度的数值。长度指直径、半径、深度、高度、宽度、中心距等，特定单位为 mm。

2. 基本尺寸（孔 D、轴 d）

基本尺寸是指设计给定的尺寸，是根据使用要求，经过强度、刚度、结构的设计计算，并符合标准系列而得到的尺寸。

3. 实际尺寸（孔 D_a、轴 d_a）

实际尺寸是指通过测量得到的尺寸。由于工件加工有误差，测量也有误差，因此实际尺寸并非确定值，如图 2.1 所示。

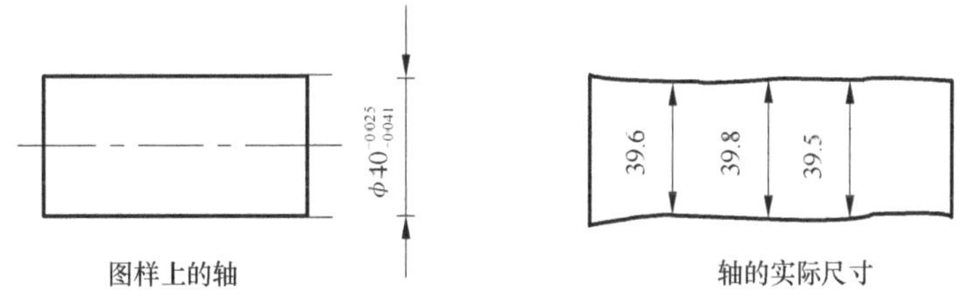

图 2.1　轴的实际尺寸

4. 极限尺寸

极限尺寸是指允许尺寸变化的两个界限值。其中最大的称为最大极限尺寸（孔 D_{max}、轴 d_{max}），最小的称为最小极限尺寸（孔 D_{min}、轴 d_{min}），如图 2.2 所示。合格的实际尺寸应在最大与最小极限尺寸之间。极限尺寸可以大于、小于或等于基本尺寸。

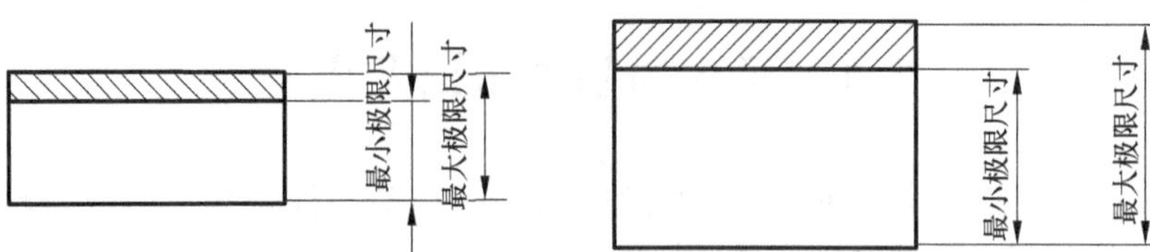

图 2.2 孔、轴的极限尺寸

2.1.2 尺寸偏差与公差

1. 尺寸偏差(简称偏差)

偏差是指某一尺寸减去其基本尺寸所得的代数差。偏差可以是正值、负值或零值。

2. 实际偏差

实际偏差是指实际尺寸减去其基本尺寸所得的代数差。

3. 极限偏差(上偏差、下偏差统称极限偏差)

上偏差:最大极限尺寸减去其基本尺寸所得的代数差。

孔用 ES :$ES=D_{max}-D$;轴用 es:$es=d_{max}-d$。

下偏差:最小极限尺寸减去其基本尺寸所得的代数差。

孔用 EI:$EI=D_{min}-D$;轴用 ei:$ei=d_{min}-d$。

【例 2.1】 已知孔的基本尺寸为$\phi50$,最大极限尺寸 $\phi50.008$,最小极限尺寸 $\phi49.992$,求孔的上、下偏差,并校核当零件的实际尺寸为 $\phi50.002$ 时是否合格。

解 $ES=D_{max}-D=50.008-50=+0.008$

$EI=D_{min}-D=49.992-50=-0.008$

实际偏差 $=50.002-50=+0.002$

因为 $-0.008<+0.002<+0.008$,所以,零件合格。

4. 尺寸公差(简称公差)

公差是指允许尺寸的变动量,即最大极限尺寸减去最小极限尺寸之代数差的绝对值,或上偏差减去下偏差之代数差的绝对值。公差是绝对值,因此没有正、负,也没有零公差。

孔公差(T_D)

$T_D=|D_{max}-D_{min}|$ 或 $|ES-EI|$

轴公差(T_d)

$T_d=|d_{max}-d_{min}|$ 或 $|es-ei|$

【例 2.2】 求孔 $\phi50\pm0.008$ 的公差。

解 孔公差

$T_D=ES-EI=0.008-(-0.008)=0.016$

或

$$T_D = D_{max} - D_{min} = 50.008 - 49.992 = 0.016$$

【例 2.3】 求轴 $\phi 50_{-0.021}^{\ 0}$ 的公差。

解 轴公差

$$T_d = es - ei = 0 - (-0.021) = 0.021$$

或

$$T_d = d_{max} - d_{min} = 50.000 - 49.979 = 0.021$$

5. 尺寸公差带图解(简称公差带图)

图 2.3 表达了孔轴尺寸、偏差、极限尺寸、公差、配合之间的关系。鉴于公差数值往往较小,不便用同一比例表示,故常采用尺寸公差带图解表示。尺寸公差带图解由零线和公差带两部分组成。

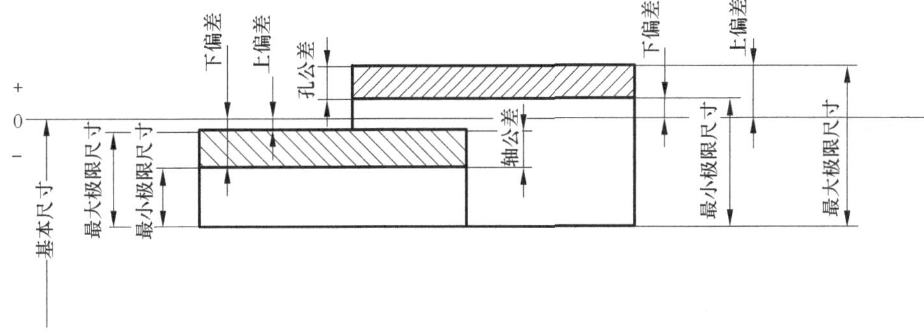

图 2.3 公差与配合示意图

(1)零线

零线是在公差带图中,确定偏差的一条基准直线。零线表示基本尺寸,零线以上为正偏差,零线以下为负偏差。

(2)公差带

公差带是在公差带图中,由代表上、下偏差的两条直线所限定的区域。

(3)公差带图

公差带图如图 2.4 所示。

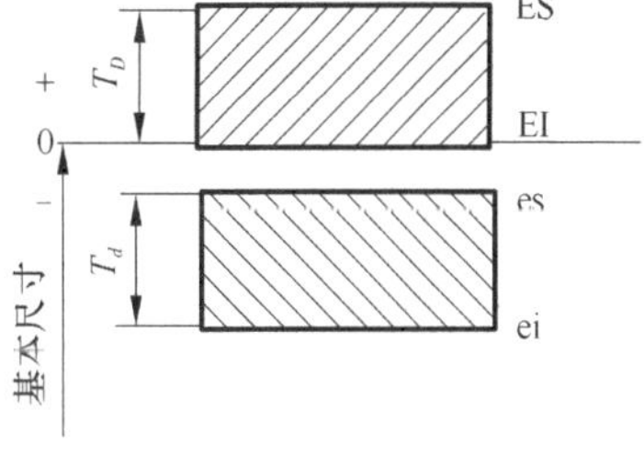

图 2.4 公差带图

2.2 配合的术语及定义

2.2.1 孔与轴

1. 孔

孔通常指工件的圆柱形内表面,也包括非圆柱形内表面。

2. 轴

轴通常指工件的圆柱形外表面，也包括非圆柱形外表面，如图 2.5 所示。

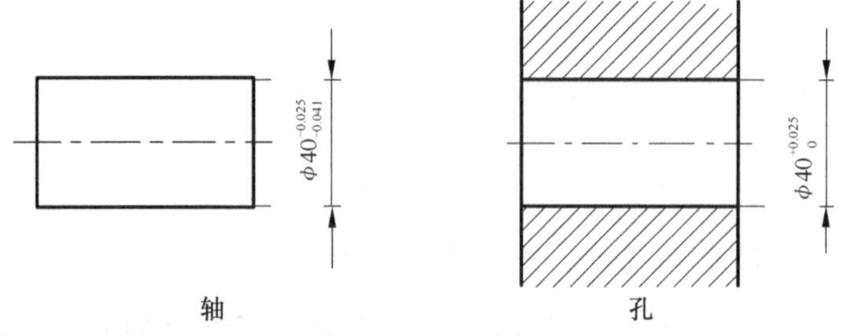

图 2.5 孔与轴

2.2.2 配合

1. 配合

配合是指基本尺寸相同的、相互结合的孔和轴公差带之间的关系。孔、轴公差带之间的关系有间隙和过盈两种。

间隙(X)——孔的尺寸减去相配合的轴的尺寸所得的代数差，差值为正时，称为间隙。

过盈(Y)——孔的尺寸减去相配合的轴的尺寸所得的代数差，差值为负时，称为过盈。

2. 配合种类

当一批零件装配时，根据孔、轴的公差带关系，可分为间隙配合、过盈配合、过渡配合三种。

(1)间隙配合

间隙配合指具有间隙(包括最小间隙为零)的配合，此时孔的公差带在轴的公差带之上，如图 2.6 所示。

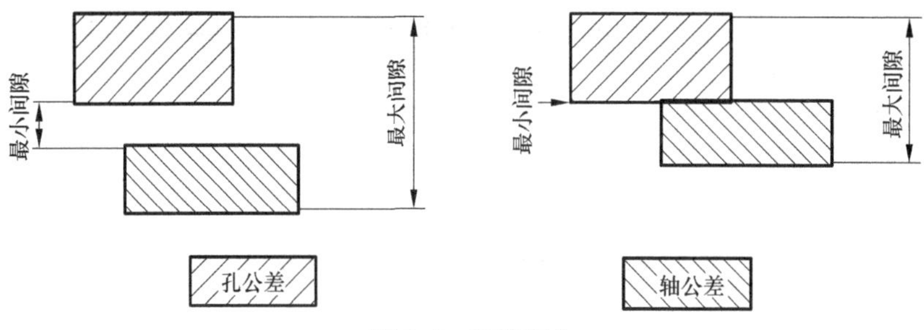

图 2.6 间隙配合

在实际装配中，孔、轴结合的性质不同，有最大间隙、最小间隙之分。

最大间隙(X_{max})——孔的最大极限尺寸减去轴的最小极限尺寸之差值，或孔的上偏差减去轴的下偏差。

$$X_{max}=D_{max}-d_{min} \quad 或 \quad X_{max}=ES-ei$$

最小间隙(X_{min})——孔的最小极限尺寸减去轴的最大极限尺寸之差值，或孔的下偏差减去轴的上偏差。

$$X_{min}=D_{min}-d_{max} \quad 或 \quad X_{min}=EI-es$$

【例 2.4】 已知孔 $\phi50^{+0.016}_{0}$，轴为 $\phi50^{-0.025}_{-0.036}$。试画出它们的配合公差带图，并据此确定其配合性质，再计算它们的最大间隙(或过盈)和最小间隙(或过盈)。

解 1)画公差带图

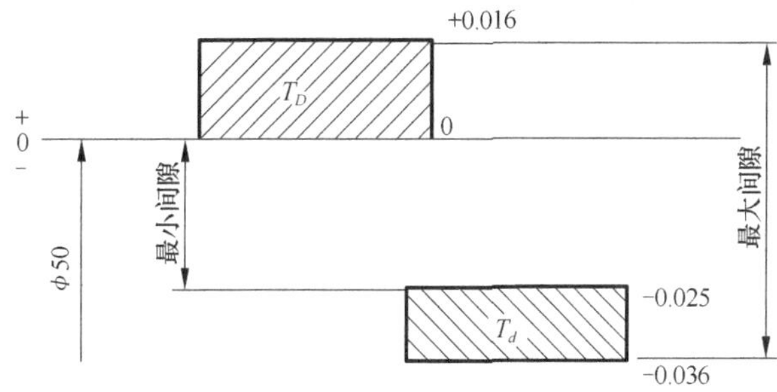

2)判断：由上图可见，由于孔的公差带在轴的公差带之上，所以是间隙配合。

3)计算：最大间隙

$$X_{man}=ES-ei=+0.016-(-0.036)=+0.052$$

最小间隙

$$X_{min}=EI-es=0-(-0.025)=+0.025$$

(2)过盈配合

过盈配合指具有过盈(包括最小过盈为零)的配合，此时孔的公差带在轴的公差带之下，如图 2.7 所示。

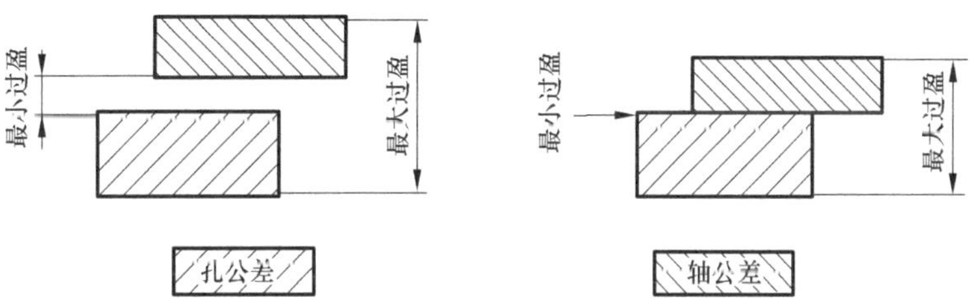

图 2.7 过盈配合

在实际装配中，孔、轴结合的性质不同，有最大过盈、最小过盈之分。

最小过盈(Y_{min})——孔的最大极限尺寸减去轴的最小极限尺寸之差值，或孔的上偏差减去轴的下偏差。

$$Y_{min}=D_{max}-d_{min} \quad 或 \quad Y_{min}=ES-ei$$

最大过盈(Y_{max})——孔的最小极限尺寸减去轴的最大极限尺寸之差值，或孔的下偏差减去轴的上偏差。

$$Y_{max}=D_{min}-d_{max} \quad 或 \quad Y_{max}=EI-es$$

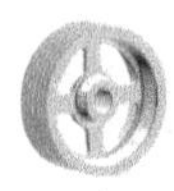

【例 2.5】 已知孔 $\phi10^{+0.015}_{0}$，轴为 $\phi10^{+0.037}_{+0.028}$。试画出它们的配合公差带图，并据此确定其配合性质，再计算它们的最大间隙(或过盈)和最小间隙(或过盈)。

解 1)画公差带图

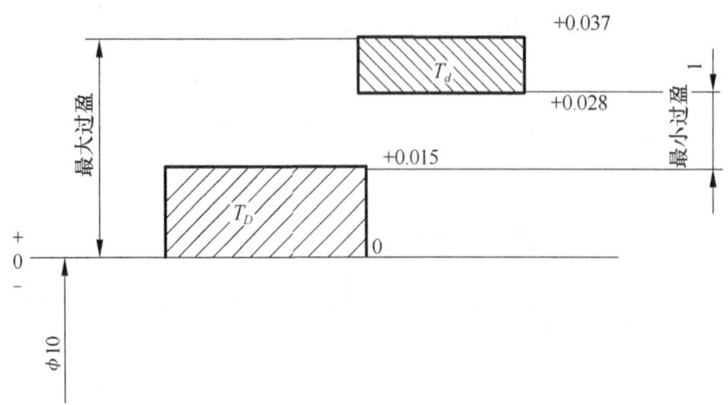

2)判断：由上图可见，由于孔的公差带在轴的公差带之下，所以是过盈配合。

3)计算：最小过盈 $Y_{min}=ES-ei=+0.015-(+0.028)=-0.013$

最大过盈 $Y_{man}=EI-es=0-(+0.037)=-0.037$

(3)过渡配合

过渡配合指可能具有间隙、也可能具有过盈的配合，但间隙量或过盈量均较小，此时孔的公差带与轴的公差带相互交叠，如图 2.8 所示。

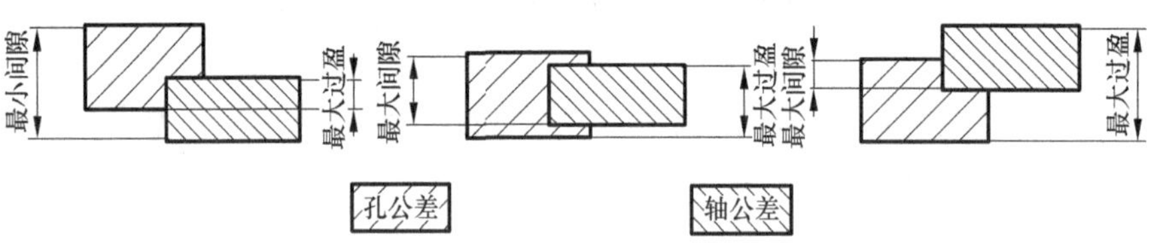

图 2.8 过渡配合

在实际装配中，孔、轴结合的性质不同，有最大间隙、最大过盈之分。

最大间隙(X_{max})——孔的最大极限尺寸减去轴的最小极限尺寸之差值，或孔的上偏差减去轴的下偏差。

$$X_{max}=D_{max}-d_{min} \quad 或 \quad X_{max}=ES-ei$$

最大过盈(Y_{max})——孔的最小极限尺寸减去轴的最大极限尺寸之差值，或孔的下偏差减去轴的上偏差。

$$Y_{max}=D_{min}-d_{max} \quad 或 \quad Y_{max}=EI-es$$

【例 2.6】 已知孔 $\phi30^{+0.002}_{-0.011}$，轴为 $\phi30^{\ 0}_{-0.013}$。试画出它们的配合公差带图，并据此确定其配合性质；计算它们的最大间隙(或过盈)和最小间隙(或过盈)。

解 1)画公差带图

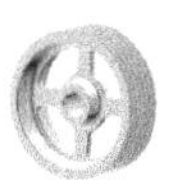

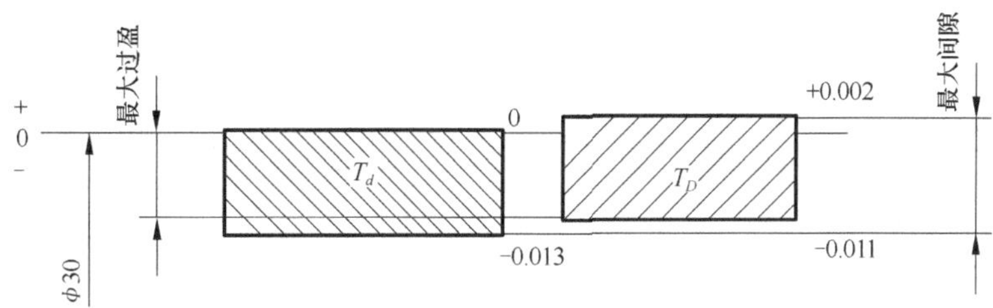

2)判断:由上图可见,由于孔的公差带与轴的公差带相互交叠,所以是过渡配合。

3)计算:最大间隙

$$X_{max}=ES-ei=+0.002-(-0.013)=+0.015$$

最大过盈

$$Y_{max}=EI-es=-0.011-0=-0.011$$

3. 配合公差(T_f)

配合公差是指允许间隙或过盈的变动量,其大小表示各配合松紧程度的变化范围,是评定配合质量的一项重要的综合指标。

$$\left.\begin{array}{l}\text{间隙配合公差 } T_f=|X_{max}-X_{min}| \\ \text{过盈配合公差 } T_f=|Y_{max}-Y_{min}| \\ \text{过渡配合公差 } T_f=|X_{max}-Y_{max}|\end{array}\right\}\text{或 } T_f=T_D+T_d$$

2.3 极限与配合的国家标准

任何孔、轴公差带都由大小和位置决定。为此,国家标准规定了两个基本系列:即标准公差系列、基本偏差系列。标准公差决定公差带的大小,基本偏差决定公差带的位置。

2.3.1 标准公差系列

1. 标准公差(IT)

标准公差是国家标准《极限与配合 基础 第3部分:标准公差和基本偏差数值表》(GB/T 1800.3—1998)中所规定的任一公差。标准公差代号用字母IT(国际公差)表示。标准公差系列包含三项内容:标准公差等级、公差单位和基本尺寸段,见表2.1。

表2.1 标准公差数值(GB/T 1800.3—1998)

基本尺寸/mm		标准公差等级																	
		IT1	IT2	IT3	IT4	IT5	IT6	IT7	IT8	IT9	IT10	IT11	IT12	IT13	IT14	IT15	IT16	IT17	IT18
大于	至	μm											mm						
—	3	0.8	1.2	2	3	4	6	10	14	25	40	60	0.10	0.14	0.25	0.40	0.60	1.0	1.4
3	6	1	1.5	2.5	4	5	8	12	18	30	48	75	0.12	0.18	0.30	0.48	0.75	1.2	1.8

续表

基本尺寸 /mm		标准公差等级																	
		IT1	IT2	IT3	IT4	IT5	IT6	IT7	IT8	IT9	IT10	IT11	IT12	IT13	IT14	IT15	IT16	IT17	IT18
大于	至	μm											mm						
6	10	1	1. 5	2. 5	4	6	9	15	22	36	58	90	0. 15	0. 22	0. 36	0. 58	0. 90	1. 5	2. 2
10	18	1. 2	2	3	5	8	11	18	27	43	70	110	0. 18	0. 27	0. 43	0. 70	1. 10	1. 8	2. 7
18	30	1. 5	2. 5	4	6	9	13	21	33	52	8484	130	0. 21	0. 33	0. 52	0. 84	1. 30	2. 1	3. 3
30	50	1. 5	2. 5	4	7	11	16	25	39	62	100	160	0. 25	0. 39	0. 62	1. 00	1. 60	2. 5	3. 9
50	80	2	3	5	8	13	19	30	46	74	120	190	0. 30	0. 46	0. 74	1. 20	1. 90	3. 0	4. 6
80	120	2. 5	4	6	10	15	22	35	54	87	140	220	0. 35	0. 54	0. 87	1. 40	2. 20	3. 5	5. 4
120	180	3. 5	5	8	12	18	25	40	63	100	160	250	0. 40	0. 63	1. 00	1. 60	2. 50	4. 0	6. 3
180	250	4. 5	7	10	14	20	29	46	72	115	185	290	0. 46	0. 72	1. 15	1. 85	2. 90	4. 6	7. 2
250	315	6	8	12	16	23	32	52	81	130	210	320	0. 52	0. 81	1. 30	2. 10	3. 20	5. 2	8. 1
315	400	7	9	13	18	25	36	57	89	140	230	360	0. 57	0. 89	1. 40	2. 30	3. 60	5. 7	8. 9
400	500	8	120	15	20	27	40	63	97	155	250	400	0. 63	0. 97	1. 155	2. 50	4. 00	6. 3	9. 7

注：1）基本尺寸小于或等于 1mm 时，无 IT14 至 IT18。

2）IT01 和 IT0 级的公差数值见附录。

标准公差等级共分为 20 个等级，用符号 IT 加公差等级的数字表示，分别为 IT01、IT0、IT1、IT2～IT11；IT12～IT18。其中 IT01 精度最高，数值最小；IT18 精度最低，数值最大。表中凡属于同一公差等级的公差，对各基本尺寸分段所给定的数值虽各不相同，但其加工难易程度是一样的，所以应认为具有同等精确程度。

2. 基本尺寸分段

为了减少公差值的数目，统一公差值，简化公差表格，以及方便生产中的应用。标准公差对基本尺寸进行分段，基本尺寸至 500mm 的尺寸范围内共分为十三段。

3. 正确使用标准公差系列表

1）在使用中，确定两分段间分界尺寸时，应选择两尺寸分段的上栏。如基本尺寸为 18 时，应选择＞10～18 这一栏。

2）其中 IT01～T11 的单位为 μm；IT12～IT18 的单位为 mm。

3）标准公差等级 IT01、IT0、在生产中很少应用，故表中没有列出数值。但可在标准附表中查到。

2. 3. 2 基本偏差系列

1. 基本偏差

基本偏差是国家标准《极限与配合　基础　第 3 部分：标准公差和基本偏差数值表》（GB/T 1800. 3—1998）中所规定的，用以确定公差带相对于零线位置的极

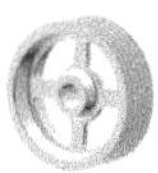

限偏差(上偏差或下偏差),一般指靠近零线的那个极限偏差。

2. 基本偏差代号

基本偏差代号,采用了 26 个拉丁字母,除掉容易混淆的 I、L、O、Q、W(i、l、o、q、w)5 个字母,加上 7 个双写字母 CD、EF、FG、JS、ZA、ZB、ZC(cd、ef、fg、js、za、zb、zc)共有 28 种。其中大写字母代表孔的基本偏差代号,小写字母代表轴的基本偏差代号,如表 2.2 所示。

表 2.2　孔、轴的基本偏差代号

轴	A	B	C	D	E	F	G	H	J	K	M	N	P	R	S	T	U	V	X	Y	Z			
			CD		EF	FG			JS													ZA	ZB	ZC
孔	a	b	c	d	e	f	g	h	j	k	m	n	p	r	s	t	u	v	x	y	z			
			cd		ef	fg			js													za	zb	zc

这 28 个基本偏差代号反映了 28 种孔、轴基本偏差相对零线的位置,构成了基本偏差系列,如图 2.9 所示。

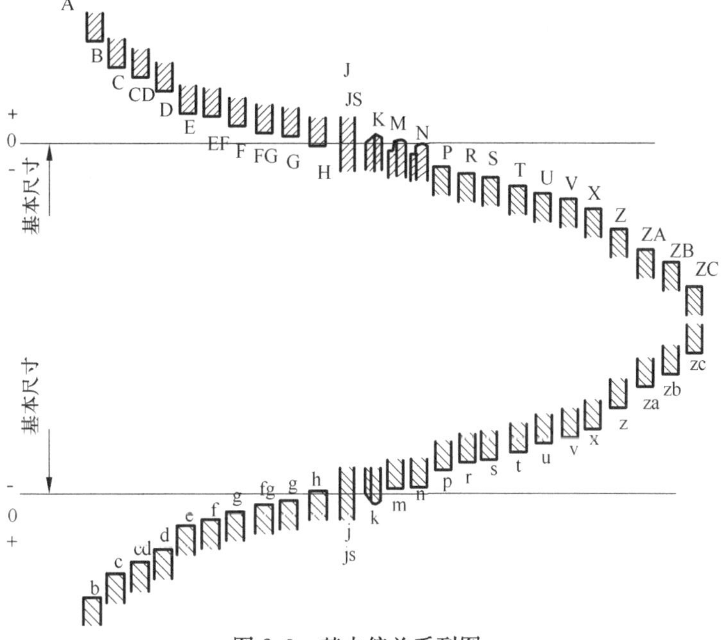

图 2.9　基本偏差系列图

3. 基本偏差系列图的特点

从基本偏差系列图中可看出,孔、轴基本偏差成倒影关系。

1)A~H 的基本偏差是下偏差,为正值,从上到下逐渐靠近零线。

a~h 的基本偏差是上偏差,为负值,从下到上逐渐靠近零线。

2)J~Zc 的基本偏差是上偏差,为负值,从下到上逐渐靠近零线。

j~zc 的基本偏差是下偏差,为正值,从上到下逐渐靠近零线。

3)H 的基本偏差是下偏差，为零；h 的基本偏差是上偏差，为零。

4)JS、js 的基本偏差是标准公差$=\pm\frac{1}{2}$IT，对称分布在零线两侧。

J、j 的基本偏差则近似对称分布在零线两侧。

4. 公差带代号

公差带代号用基本偏差代号和公差等级数字组成，如孔公差带代号 H6、P7、K7，轴公差带代号 h6、js7、g7。与基本尺寸组合后，其标注含义如下：

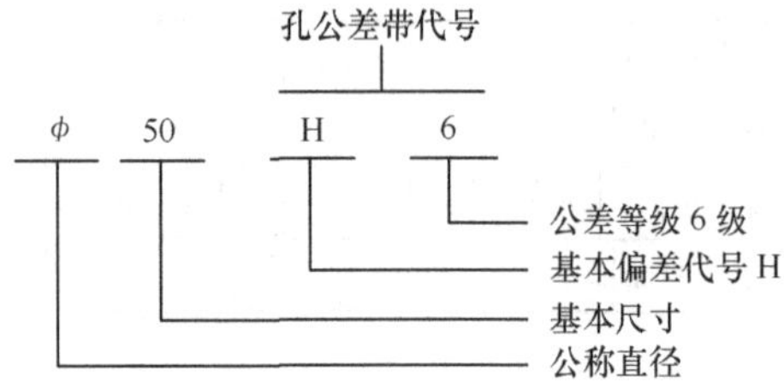

5. 公差带系列

根据国家标准规定的 20 个公差等级和 28 个基本偏差代号，可组成种类繁多的 500 多种公差带（孔 543 种，轴 544 种）。为了便于生产，减少刀具、量具和工艺装备的数量、规格，国家标准简化了公差带种类，选出生产中常用的公差带。规定为一般用途公差带；从一般用途公差带选出少量公差带，规定为常用公差带；再从常用公差带中，优选出生产中最广泛应用的公差带，规定为优先选用公差带。轴公差带中，一般用途的有 116 种、常用的有 59 种、优先选用的有 13 种；孔公差带中，一般选用的有 105 种、常用的有 44 种，优先选用的有 13 种，如表 2.3、表 2.4 所示。

表 2.3　基本尺寸至 500 的一般、常用和优选轴公差带

							h1		js1												
							h2		js2												
							h3		js3												
						g4	h4		js4	k4	m4	n4	p4	r4	s4						
					f5	g5	h5	j5	js5	k5	m5	n5	p5	r5	s5	t5	u5	v5	x5		
				e6	f6	(g6)	(h6)	j6	js6	(k6)	m6	(n6)	(p6)	r6	(s6)	t6	(u6)	v6	x6	y6	z6
			d7	e7	(f7)	g7	(h7)	j7	js7	k7	m7	n7	p7	r7	s7	t7	u7	v7	x7	y7	z7
		c8	d8	e8	f8	g8	h8		js8	k8	m8	n8	p8	r8	s8	t8	u8	v8	x8	y8	z8
a9	b9	c9	(d9)	e9	f9		(h9)		js9												
a10	b10	c10	d10	e10			h10		js10												
a11	b11	(c11)	d11				(h11)		js11												
a12	b12						h12		js12												
a13	b13						h13		js13												

注：粗线框内为常用的公差带，括号内为优先选用的公差带。

表 2.4 基本尺寸至 500 的一般、常用和优选孔公差带

A	B	C	D	E	F	G	H	J	JS	K	M	N	P	R	S	T	U	V	X	Y	Z
							H1		JS1												
							H2		JS2												
							H3		JS3												
							H4		JS4	K4	M4										
						G5	H5		JS5	K5	M5	N5	P5	R5	S5						
					F6	G6	H6	J6	JS6	K6	M6	N6	P6	R6	S6	T6	U6	V6	X6	Y6	Z6
			D7	E7	F7	(G7)	(H7)	J7	JS7	(K7)	M7	(N7)	(P7)	R7	(S7)	T7	(U7)	V7	X7	Y7	Z7
		C8	D8	E8	(F8)	G8	(H8)	J8	JS8	K8	M8	N8	P8	R8	S8	T8	U8	V8	X8	Y8	Z8
A9	B9	C9	(D9)	E9	F9		(H9)		JS9												
A10	B10	C10	D10	E10			H10		JS10												
A11	B11	(C11)	D11				(H11)		JS11			N9	P9								
A12	B12	C12					H12		JS12												
							H13		JS13												

注:粗线框内为常用的公差带,括号内为优先选用的公差带。

在生产中选用公差带时,应首先考虑选用国家标准推荐的优先选用公差带,因为在此范围中,有大量的刀具、量具、工艺装备可供选择。

2.3.3 孔、轴极限偏差的确定

1. 基本偏差的数值

根据基本偏差代号查孔、轴基本偏差数值表(见附表一、二)。

【例 2.7】 查基本偏差 ϕ50h;ϕ100n;ϕ30K;ϕ80F。

解 查基本偏差代号查孔、轴基本偏差数值表,可得

ϕ50h,es=0;ϕ100h,ei=+0.023;ϕ30T,ES=−0.041;ϕ80F,EI=+0.030

2. 另一极限偏差数值的确定

基本偏差决定了公差带中的一个极限偏差,即靠近零线的那个偏差,从而确定了公差带的位置,而另一极限偏差数值,则由基本偏差和标准公差确定。如图 2.10所示,其关系式为

孔的上偏差,ES=EI+IT;孔的下偏差,EI=ES−IT。

轴的上偏差,es=ei+IT;轴的下偏差,ei=es−IT。

【例 2.8】 查表确定 ϕ50h5 的标准公差和基本偏差,并计算另一个极限偏差,再画出公差带图。

解 查轴的基本偏差,h 为上偏差,es=0。

查标准公差表,IT5=11μm=0.011。

另一极限偏差 ei=es−IT=0−0.011=−0.011。

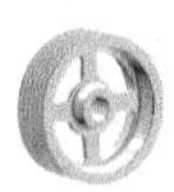

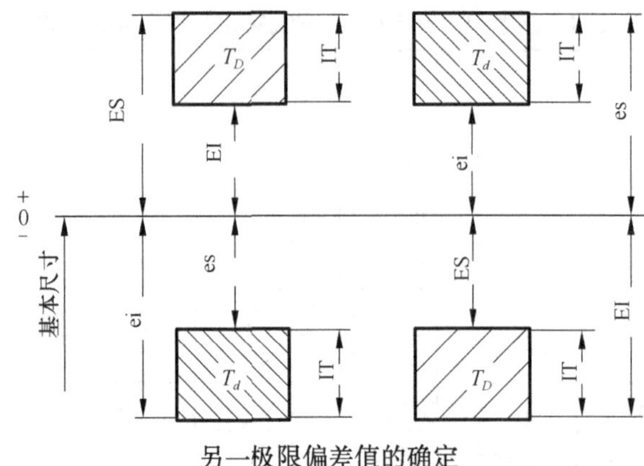

另一极限偏差值的确定

因此，$\phi50h5$ 即 $\phi50_{-0.011}^{0}$。

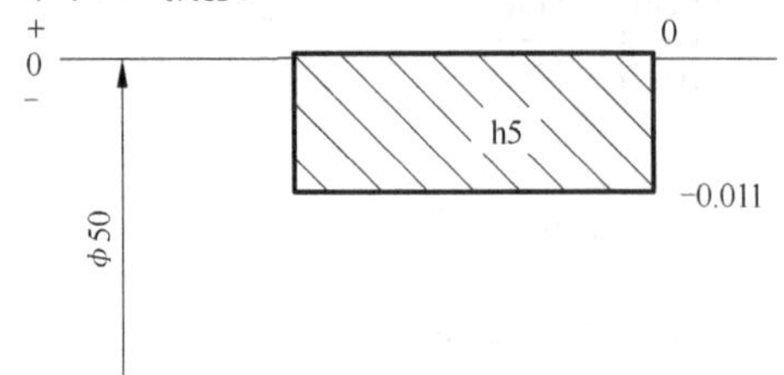

$\phi50h5$ 的公差带图

【例 2.9】 查表确定 $\phi80JS6$ 的标准公差和基本偏差，并计算另一个极限偏差，再画出公差带图。

解 查孔的基本偏差，JS 为上偏差，EI=±IT/2。

查标准公差表，IT6=19μm=0.019。

另一极限偏差=±IT/2=±0.019/2=±0.0095。

因此，$\phi80JS6$ 即 $\phi80\pm0.009$。

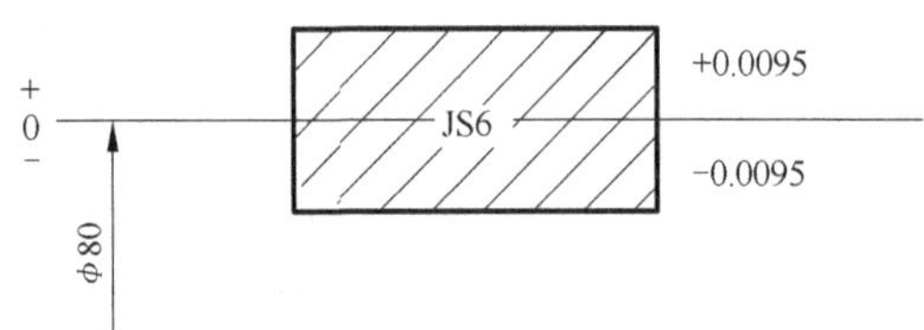

$\phi80Js6$ 的公差带图

【例 2.10】 查表确定 $\phi10U6$ 的标准公差和基本偏差，并计算另一个极限偏差，再画出公差带图。

解 查孔的基本偏差表，U 为上偏差，ES=−28+Δ=−28+3=−25μm=−0.025。

查标准公差表，IT6=9μm=0.009。

另一极限偏差 EI=ES−IT=−0.025−0.009=−0.034。

因此，$\phi10U6$ 即 $\phi10_{-0.034}^{-0.025}$。

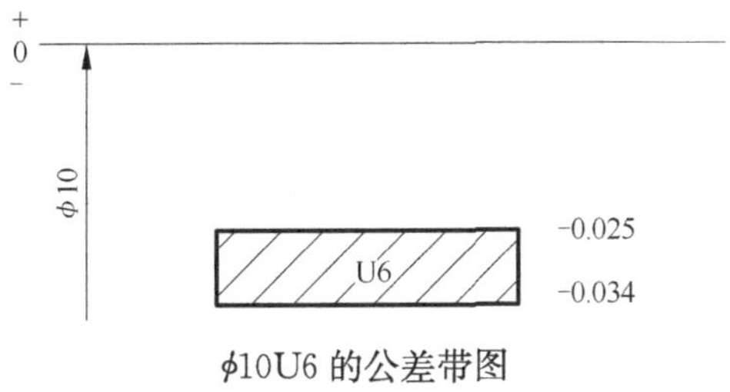

ϕ10U6 的公差带图

3. 尺寸公差在图样上的标注

根据国家标准 GB/T 4458.5—2003，在零件图上，一般按下例三种标注形式进行标注，如图 2.10 所示。

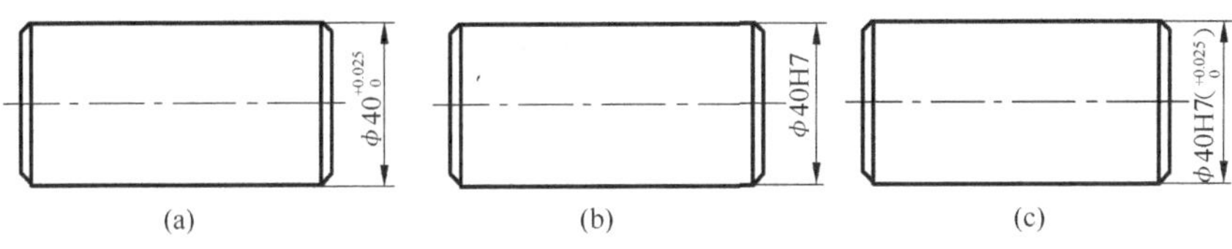

图 2.10　三种标注形式

图 2.10(a)采用极限偏差标注尺寸公差，数值明确，便于加工与检验，故常用。但不能直观判断其配合性质和公差等级，多用于单件或小批量生产的零件图上。

图 2.10(b)采用公差带代号标注尺寸公差，能直观判断其配合性质和公差等级，但不便于加工与检验，一般用于大批量生产的零件图上。

图 2.10(c)采用公差带代号和极限偏差同时标注尺寸公差，清晰明了，但标注较复杂，多用于中、小批量生产的零件图上。

2.3.4　极限偏差表

鉴于查基本偏差表和标准偏差表，再计算很麻烦，国家标准已把实际生产中常用的极限偏差编成了极限偏差表。在实际使用中可直接查阅轴的极限偏差表、孔的极限偏差表(见附表三、四)。

练习查表及标注：ϕ50h7；ϕ100n6；ϕ30K9；ϕ80F8。

解　$\phi 50^{\ 0}_{-0.025}$；ϕ50h7；$\phi 50h7(^{\ 0}_{-0.025})$

$\phi 100^{+0.045}_{+0.023}$；$\phi$100n6；$\phi 100n6(^{+0.045}_{+0.023})$

$\phi 30^{+0.006}_{-0.015}$；$\phi$30K9；$\phi 30K9(^{+0.006}_{-0.015})$

$\phi 80^{+0.046}_{0}$；ϕ80F8；$\phi 80F8(^{+0.046}_{0})$

2.3.5　配合制(基准制)

配合制是由相配合的轴和孔的公差带组成的一种制度。国家标准 GB/T 1800.1—1997 中规定了两种配合制：基孔制配合和基轴制配合。

1. 基孔制配合

基孔制配合是指基本偏差为一定的孔公差带，与不同基本偏差的轴公差带形成各种配合的一种制度，简称基孔制，如图 2.11 所示。基孔制的孔称为基准孔，基本偏差代号为 H，下偏差为零，上偏差为正值，其公差带在零线的上方。

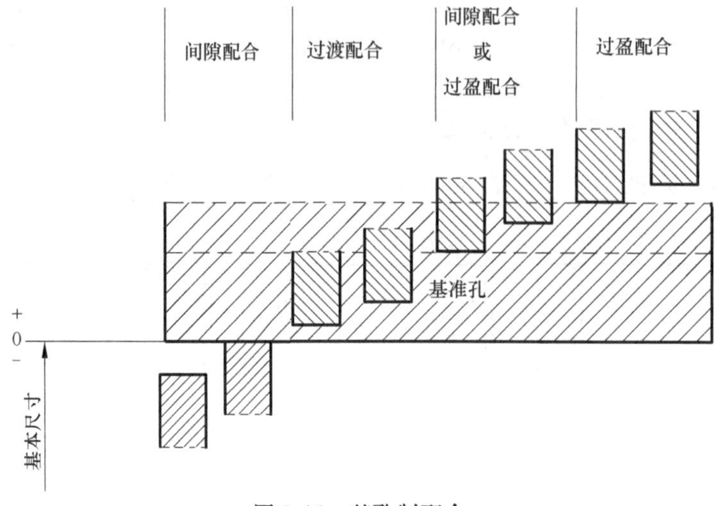

图 2.11　基孔制配合

2. 基轴制配合

基轴制配合是指基本偏差为一定的轴公差带，与不同基本偏差的孔公差带形成各种配合的一种制度。简称基轴制，如图 2.12 所示。基轴制的轴称为基准轴，基本偏差代号为 h，上偏差为零，下偏差为负值，其公差带在零线的下方。

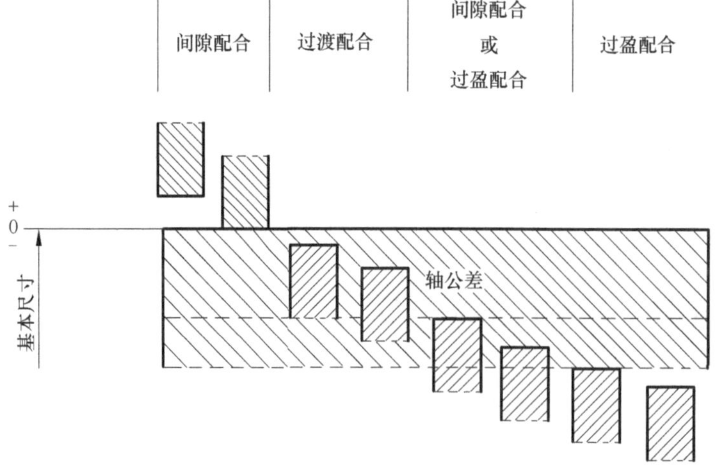

图 2.12　基轴制配合

3. 配合代号

配合代号是将孔和轴的公差带代号组合在一起，用分数的形式表示。其中分

子为孔的公差带代号，分母为轴的公差带代号

$$\phi 20\,\frac{\text{H7}-\text{孔公差带}}{\text{f6}-\text{轴公差带}} \qquad \phi 20\,\frac{\text{F8}-\text{孔公差带}}{\text{h7}-\text{轴公差带}}$$

4. 配合代号的标注形式(图 2.13)

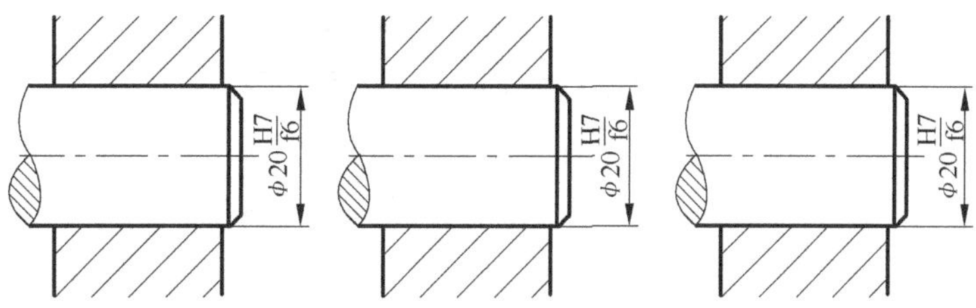

图 2.13　在装配图上配合代号的标注形式

5. 常用和优先配合

国家标准在≤500mm 范围内，基孔制规定了 13 种优先配合和 59 种常用配合，如表 2.5 所示。基轴制规定了 13 种优先配合和 47 种常用配合，如表 2.6 所示。选用配合时，应首先考虑优选配合，再考虑常用配合。

表 2.5　基孔制优先和常用配合(GB/T 1801—1999)

基准孔	轴																				
	a	b	c	d	e	f	g	h	js	k	m	n	p	r	s	t	u	v	x	y	z
	间隙配合								过渡配合			过盈配合									
H6						H6/f5	H6/g5	H6/h5	H6/js5	H6/k5	H6/m5	H6/n5	H6/p5	H6/r5	H6/s5	H6/t5					
H7						H7/f6	▲H7/g6	▲H7/h6	H7/js6	▲H7/k6	H7/m6	▲H7/n6	▲H7/p6	H7/r6	▲H7/s6	H7/t6	▲H7/u6	H7/v6	H7/x6	H7/y6	H7/z6
H8					H8/e7	▲H8/f7	H8/g7	▲H8/h7	H8/js6	H8/k7	H8/m7	H8/n7	H8/p6	H8/r7	H8/s7	H8/t7	H8/u7				
				H8/d8	H8/e8	H8/f8		H8/h8													
H9				▲H9/d9				▲H9/h9													
H10			H10/c8	H10/d10				H10/h10													
H11	H11/a11	H11/b11	▲H11/c11	H11/d11				▲H11/h11													
H12		H12/b12						H12/h12													

注：1)H6/n5、H7/p6 在基本尺寸小于或等于 3mm 和 H8/r7 在小于或等于 100mm 时，为过渡配合。

2)标有▲的为优先配合。

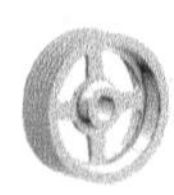

表 2.6　基轴制优先和常用配合(GB/T 1801—1999)

基准轴	孔																				
	A	B	C	D	E	F	G	H	JS	K	M	N	P	R	S	T	U	V	X	Y	Z
	间隙配合								过渡配合			过盈配合									
h5						$\frac{F6}{h5}$	$\frac{G6}{h5}$	$\frac{H6}{h5}$	$\frac{JS6}{h5}$	$\frac{K6}{h5}$	$\frac{M6}{h5}$	$\frac{N6}{h5}$	$\frac{P6}{h5}$	$\frac{R6}{h5}$	$\frac{S6}{h5}$	$\frac{T6}{h5}$					
h6						$\frac{H7}{f6}$	▲$\frac{h7}{g6}$	▲$\frac{H7}{h6}$	$\frac{H7}{js6}$	▲$\frac{H7}{k6}$	$\frac{H7}{m6}$	▲$\frac{H7}{n6}$	▲$\frac{H7}{P6}$	$\frac{H7}{r6}$	▲$\frac{H7}{s6}$	$\frac{H7}{t6}$	▲$\frac{H7}{u6}$				
h7					$\frac{H8}{e7}$	▲$\frac{H8}{f7}$		▲$\frac{H8}{h7}$	$\frac{H8}{js6}$	$\frac{H8}{k7}$	$\frac{H8}{m7}$	$\frac{H8}{n7}$									
h8				$\frac{H8}{d8}$	$\frac{H8}{e8}$	$\frac{H8}{f8}$		$\frac{H8}{h8}$													
h9				▲$\frac{H9}{d9}$	$\frac{H7}{f6}$	$\frac{H7}{f6}$		▲$\frac{H9}{h9}$													
h10				$\frac{H10}{d10}$				$\frac{H10}{h10}$													
h11	$\frac{H11}{a11}$	$\frac{H11}{b11}$	▲$\frac{H11}{c11}$	$\frac{H11}{d11}$				▲$\frac{H11}{h11}$													
h12		$\frac{H12}{b12}$						$\frac{H12}{h12}$													

注:标有▲的为优先配合。

6. 一般公差(GB/T 1804—92)(线性尺寸的未注公差)

一般公差是指车间普通工艺条件下机床设备可以保证的公差,在正常维护和操作情况下,它代表经济加工精度。国家标准规定采用一般公差时,在图样上不单独标出公差;在正常条件下,因由工艺保证,该尺寸也不进行检验。若对其合格性有争议,可查标准《线性尺寸的极限偏差数值》。

一般公差适用于金属切削加工和冲压加工的尺寸。在 GB/T 1804－92 中,标准规定了四个公差等级:f(精密级)、m(中等级)、c(粗糙级)、v(最粗级)。其标注方法为:GB/T 1804－m,m 表示中等。

7. 综合举例

某孔、轴配合,其配合代号为 $\phi30\,\frac{H7}{g6}$,要求:

1)查出孔、轴的极限偏差。

2)分别求孔、轴的上下偏差,极限尺寸和公差。

3)画公差带图,判断其配合性质,并计算最大间隙(过盈)、最小间隙(过盈)及配合公差。

4)用三种标注形式对零件进行标注。

解　1)分别查孔、轴的极限偏差表,可得

孔 $\phi30^{+0.021}_{0}$;轴:$\phi30^{-0.007}_{-0.020}$。

2)孔 ϕ30H7,上偏差 ES=＋0.021,下偏差 EI=0。

最大极限尺寸 $D_{max}=D+ES=\phi30+0.021=\phi30.021$。

最小极限尺寸 $D_{min}=D+EI=\phi30+0=\phi30$。

孔公差 $Th=ES-EI=+0.021-0=0.021$。

轴 $\phi30g6$，上偏差 $es=-0.007$，下偏差 $ei=-0.020$。

最大极限尺寸 $d_{max}=d+es=\phi30+(-0.007)=\phi29.993$。

最小极限尺寸 $d_{min}=d+ei=\phi30+(-0.020)=\phi29.980$。

轴公差 $Ts=es-ei=-0.007-(-0.020)=0.013$。

3)画公差带图

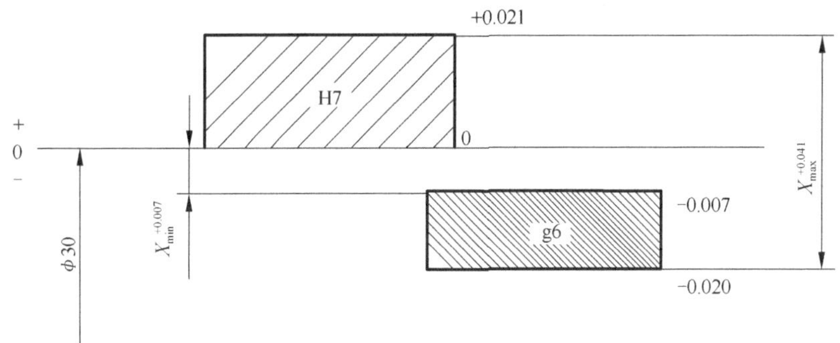

由公差带图可见，因孔公差带在轴公差带之上，所以是间隙配合。

最大间隙 $X_{max}=ES-ei=+0.021-(-0.020)=+0.041$。

最小间隙 $X_{min}=EI-es=0-(-0.007)=+0.007$。

配合公差 $Tf=Th+Ts=0.021+0.013=0.034$。

4)孔：标注 $\phi30^{+0.021}_{0}$；$\phi30H7$；$\phi30H7(^{+0.021}_{0})$。

轴：标注 $\phi30^{-0.007}_{-0.020}$；$\phi30g6$；$\phi30g6(^{-0.007}_{-0.020})$。

2.4 公差与配合的选用

在机械制造中，正确的选用公差与配合是一项重要而复杂的工作。它对提高产品的性能、质量、互换性、经济性有着重大的影响。在基本尺寸已经确定的情况下，公差与配合选用主要包括基准制、公差等级和配合种类三个方面。

2.4.1 基准制的选用

基准制的选用应从零件的加工工艺、装配工艺、经济性进行综合考虑：因此基准制的选用原则如下：

(1)一般情况下优先选用基孔制

因为加工孔需要大量的定值刀具和量具，如钻头、绞刀、塞规等。而加工轴则不需要定值刀具。因此选用基孔制可以减少刀具和量具的品种，从而降低制造成本。

(2)下列等情况可选用基轴制

1)与基准件配合时，通常按标准件定，如键、销与轴、轮毂的配合，滚动轴承的

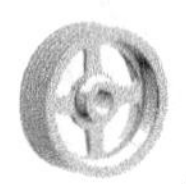

外圈与轴承座的配合均采用基轴制。

2)直接使用不需再加工就能满足使用要求的冷拔钢材(公差等级可达 IT7～IT9)。

3)一轴与两个或两个以上的孔配合,并构成多处松紧程度不一的配合。

2.4.2 公差等级的选用

公差等级的选用原则:在满足使用要求的前提下,尽量选取较低的公差等级,以便获取最大的经济效益。公差等级的选用常常采用类比法即经验法,类比法多用于一般要求的配合,重要的配合多用计算法。

选用时应熟悉:

1)各种加工方法与公差等级的关系,如表 2.7 所示。

表 2.7 各种加工方法与公差等级的关系

加工方法	公差等级 IT																	
	01	0	1	2	3	4	5	6	7	8	9	10	11	12	13	14	15	16
研磨	—	—	—	—	—	—	—											
珩						—	—	—	—									
圆磨						—	—	—	—	—								
平磨						—	—	—	—	—								
金刚石车							—	—	—									
金刚石镗							—	—	—									
拉削							—	—	—	—								
铰孔								—	—	—	—	—						
车									—	—	—	—	—					
镗									—	—	—	—	—					
铣										—	—	—	—					
刨、插												—	—					
钻孔												—	—	—	—			
滚压、挤压												—	—					
冲压												—	—	—	—	—		
压铸													—	—	—	—		
粉末合金成型								—	—	—								
粉末合金烧结									—	—	—	—						
砂型铸造、气割																		—
锻造																—		

2)公差等级的应用,如表 2.8 所示。

表 2.8　公差等级的应用

应　用	公差等级 IT																		
	01	0	1	2	3	4	5	6	7	8	9	10	11	12	13	14	15	16	17	18
量块	—	—	—																	
量规			—	—	—	—	—	—	—											
特别精密的配合				—	—	—	—													
一般配合							—	—	—	—	—	—	—	—	—					
非配合尺寸														—	—	—	—	—	—	—
原材料尺寸										—	—	—	—	—	—	—				

3)公差等级的主要应用范围，如表 2.9 所示。

表 2.9　公差等级的主要应用范围

应　用			公差等级																			
			01	0	1	2	3	4	5	6	7	8	9	10	11	12	13	14	15	16	17	18
量块			—	—	—																	
量规	高精度				—	—	—	—														
量规	低精度								—	—	—											
孔与轴配合	特别精密	轴				—	—	—														
孔与轴配合	特别精密	孔					—	—	—													
孔与轴配合	精密配合	轴							—	—	—											
孔与轴配合	精密配合	孔								—	—	—										
孔与轴配合	中等精度	轴										—	—	—								
孔与轴配合	中等精度	孔											—	—								
孔与轴配合	低精度														—	—	—					
非配合尺寸																—	—	—	—	—	—	—
原材料公差												—	—	—	—	—	—					

2.4.3　配合种类的选用

配合的选择常采用类比法，主要依据配合部位的功能要求及性能，从以下几个方面考虑：

1)配合件之间有相对运动，常采用间隙配合。

2)配合件有定心要求，常采用过渡配合。

3)配合件之间无相对运动，常采用过盈配合。

根据不同的具体工作情况，可对配合的间隙量、过盈量作适当调整。

习　题

1. 解释基本尺寸、上下偏差、最大和最小极限尺寸、公差的含义，并写出它们的代号。

2. 求下列孔、轴的上下偏差、最大和最小极限尺寸和公差。

孔：$\phi 50_{-0.030}^{\ 0}$，$\phi 40_{\ 0}^{+0.025}$

轴：$\phi 20_{-0.040}^{-0.020}$，$\phi 60_{-0.019}^{\ 0}$

3. 解释公差带图中的零线和公差带的含义。

4. 画出下列各种孔和轴配合的公差带图。

孔 $\phi 40_{\ 0}^{+0.025}$ 和轴 $\phi 40_{+0.017}^{+0.033}$

孔 $\phi 25_{\ 0}^{+0.021}$ 和轴 $\phi 25_{-0.013}^{\ 0}$

5. 什么是标准公差？

6. 什么是基本偏差？基本偏差的代号有哪些？

7. 举例说明在图样上标注尺寸时，可用哪三种方式？

8. 使用标准公差表和基本偏差表，查出并计算下列孔和轴的上、下偏差。

ϕ30d9，ϕ40C11，ϕ100N7，ϕ50h6

9. 使用极限偏差表，查出下列孔和轴的上、下偏差，画出公差带图，说明其配合性质，并计算极限间隙或过盈。

$\phi 60\dfrac{H8}{f6}$，$\phi 100\dfrac{G7}{h6}$，$\phi 50\dfrac{H8}{t7}$，$\phi 30\dfrac{H7}{h6}$

10. 什么是基孔制？什么是基轴制？判断下列配合所采用的基准制。

$\phi 40\dfrac{H8}{f7}$　　$\phi 25\dfrac{P7}{h6}$　　$\phi 60\dfrac{H7}{h6}$

11. 公差等级选用的原则是什么？

12. 配合制选用的原则是什么？

13. 综合练习：如下图，某轴套和轴的配合代号为 $\phi 22\dfrac{H6}{k5}$，同时该轴套又和泵体配合，配合代号为 $\phi 32\dfrac{H7}{g6}$。请根据这两组配合代号，完成以下内容：

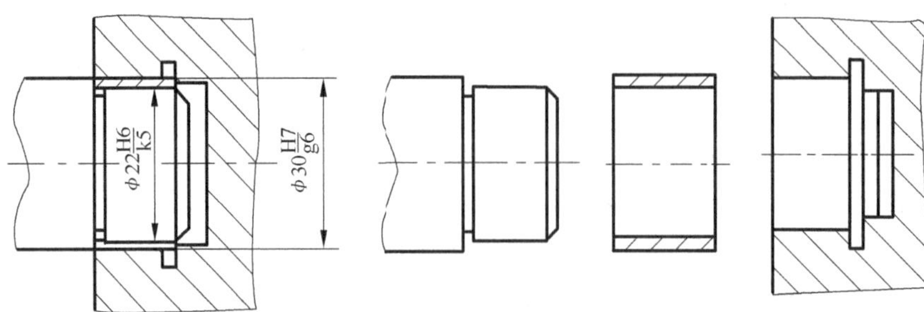

轴、轴套和泵体的配合图

(1)查表求出 $\phi22\,\dfrac{H6}{k5}$,$\phi32\,\dfrac{H7}{g6}$的上、下偏差数值。

(2)求孔和轴的极限尺寸;孔和轴的公差。

(3)画 $\phi22\,\dfrac{H6}{k5}$和 $\phi32\,\dfrac{H7}{g6}$的配合公差带图。

(4)判断它们的配合性质。求出最大间隙(或过盈),最小间隙(或过盈),配合公差。

(5)在轴、轴套和泵体的配合图上标出配合代号和配合尺寸。

(6)指出 $\phi22\,\dfrac{H6}{k5}$,$\phi32\,\dfrac{H7}{g6}$的配合中所采用的基准制。

第3章

技术测量基础知识

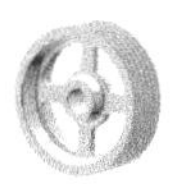

3.1 测量的基本概念

3.1.1 测量的基本知识

随着科学技术的发展，对机械零件的互换性要求越来越高，要实现互换性，除了合理地规定公差，还需要在加工过程中进行正确的测量或检验，只有通过测量和检验判定为合格的零件，才具有互换性。

测量是指以确定被测对象量值为目的的全部操作。实质上是将被测的几何量与作为计量单位的标准量进行比较，从而确定被测几何量的过程。任何一个完整的测量过程应包括测量对象、计量单位、测量方法和测量精度四个要素。

检验是指只确定被测几何量是否在规定的极限范围内，从而判断被测对象是否合格，而无须得出具体的量值。

机械零件都有一定的形状和尺寸，在加工过程中，常需进行测量，以确定其是否符合图纸要求。在机械制造中，主要的技术测量工作是长度与角度的测量。测量的目的是为了使零件具有互换性或达到规定的精度和配合要求，所以技术测量的基本要求是：保证零件的精度，防止废品、次品出厂。

机械技术测量的内容包括长度、角度、几何形状、表面相互位置及表面粗糙度等参数的测量。

3.1.2 计量单位

计量单位是测量工作中的原始标准，各国都作了具体规定。例如，我国传统习惯的长度单位为丈、尺、寸、分、厘，叫做市制。英国等国家采用的长度单位为码、英尺、英寸、英分，称作英制。目前，以米为基本长度单位被国际公认，定为国际标准。

1. 米制长度计量单位与角度计量单位

为了保证测量的正确性和测量过程中测量单位的统一，我国以国际单位制为基础制定了法定计量单位。我国的法定计量单位中，长度单位为米(m)，平面角的角度计量单位为弧度(rad)及度(°)、分(′)、秒(″)。在机械制造中长度单位一般用毫米(mm)，在精密测量中，长度计量单位采用微米(μm)，超精密测量中采用纳米(nm)。长度计量单位的换算关系见表 3.1，角度计量单位换算关系见表 3.2。

表 3.1 长度计量单位的名称、符号及换算关系

单位名称	符号	与基本单位的关系
米	m	基本单位 1 m
千米	km	1km=1000m
分米	dm	$1dm=10^{-1}m(0.1m)$
厘米	cm	$1cm=10^{-2}m(0.01m)$

续表

单位名称	符　　号	与基本单位的关系
毫米	mm	1mm=10^{-3}m(0.001m)
丝米	dmm	1dmm=10^{-4}m(0.0001m)
忽米	cmm	1cmm=10^{-5}m(0.000 01m)
微米	μm	1μm=10^{-6}m(0.000 001m)
纳米	nm	1nm=10^{-9}m(0.000 000 001m)

注：本表采用统一米制计量单位。按国际单位制，有的如 dmm、cmm 已不用。

表 3.2　角度计量单位

单位名称	符　　号	与基本单位的关系
度	°	基本单位 1°=(π/180)rad=0.017 453 3rad
分	′	1°=60′
秒	″	1′=60″
弧度	rad	基本单位 1rad=(180/π)°=57.295 779 51°

2. 单位的换算

(1)米制与英制长度单位的换算(表 3.3)

表 3.3　米制与英制长度单位的换算

单位名称	符　　号	换算关系
米	m	1m=39.3701 in(″)
毫米	mm	1mm=0.039 370 1 in(″)
英寸	in(″)	1 in(″)=25.4mm

注：有些工程图上常用(″)代表英寸。

(2)角度与弧度的换算

角度与弧度的关系可表示为

$$\frac{180^\circ}{\alpha}=\frac{\pi}{\varphi}$$

式中，α——某一角的角度；

φ——某一角的弧度；

π——圆周率。

角度与弧度的换算公式为

$$\varphi=\frac{\pi\alpha}{180^\circ}=0.017\ 453\times\alpha$$

$$\alpha=\frac{180^\circ\varphi}{\pi}=57.295\ 764^\circ\times\varphi$$

3.1.3　量值的传递

量值传递是指把国家的长度基准，利用标准仪器和各级标准器逐级传递到工

作量具和零件的过程。长度量值的传递，是通过低级精度量具与高级精度量具相比较来实现的。这种比较的过程叫做检定。长度标准器有下列几种：

1. 光波波长标准

氪—86光波波长是长度基准波长，通常它不直接用于检定实物，而是通过波长标准器来传递量值。波长标准器由各种标准灯组成，如氪灯、氦灯、镉—144灯、氦氖气体激光管等。这种灯管发出的光波波长，可以用来检定量块、线纹尺和平晶等实物标准器。

2. 端度标准

常用的端度实物标准是量块。检定量块的标准仪器为量块激光干涉仪、绝对光波干涉仪，可用于检定一等量块；立式接触式干涉仪，常用于检定二、三、四等量块；立式光学计、测长机，一般用于检定四、五等量块。

3. 线纹标准

目前采用的线纹标准有1000mm的H型金属线纹米尺和200mm以下标准玻璃线纹尺。检定线纹尺的标准仪器为：激光比长仪，用于检定1000mm以下的线纹尺；光电比长仪和阿贝比较仪，用于检定200mm以下的线纹尺。

4. 角度标准

角度实物标准通常采用正多面棱体，精度为±0.5′。检定仪器为多面棱体检定装置、精密测角仪、光栅数字式分度头。

5. 平度标准

平度实物标准器为石英玻璃平晶。平度要求一般在1/10干涉条纹左右。检定平晶的标准仪器为激光平面干涉仪和等倾干涉仪。

6. 表面粗糙度标准

表面粗糙度的实物标准器是标准单刻线样板和标准多刻线样板，两者均由1~14级标准样板组成。

长度量值传递见图3.1。国家基准是由国家计量局统一掌握的，利用测量光

国家基准 ——→ 一等量块 ——→ 二等量块 ——

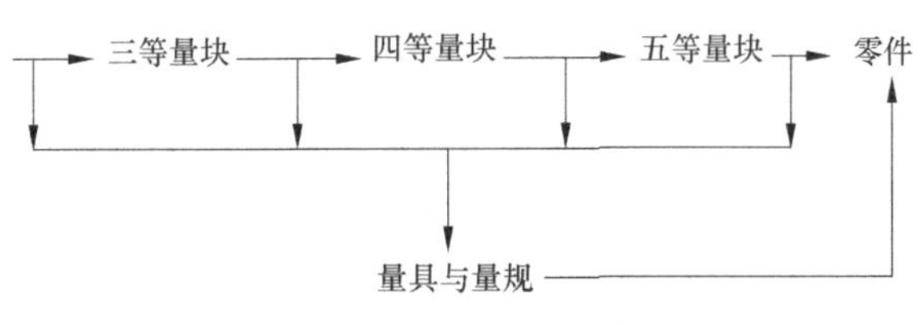

图3.1 量值传递

速，通过光波干涉仪检定一等量块；省计量局以一等量块为基准，为所属地区、厂矿核定基准，通过接触式干涉仪检定二等量块；工厂以二、三等量块为基准，通过测长机、接触式干涉仪、光学计等检定四、五等量块，再用四、五等量块去检定工作量具和量规。这种量值的传递，保证了全国范围内长度量值的一致性。

为了保证量值的统一，消除使用过程中因磨损所产生的误差，规定了量具定期检定的制度。根据量具的使用情况，可每隔一个季度、半年或一年作为检定周期，以核对其示值误差的大小。超期未经检定的量具要停止使用，超差的量具，待修复以后再用。

3.1.4 量块

1. 量块的形状、精度、用途

量块是没有刻度的截面为矩形的平面平行端面量具，也称块规，是用特殊合金钢或陶瓷材料制成的长方体，如图 3.2 所示。量块具有线膨胀系数小、不易变形、耐磨性好等特点。量块具有经过精密加工很平很光的两个平行平面，叫做测量面。两测量平面之间的距离为工作尺寸，又称标称尺寸，该尺寸具有很高的精度。每个量块上均标记有标称尺寸值，标称尺寸小于 6mm 的量块标记在测量面上，等于或大于 6mm 的量块均标记在非工作面上。

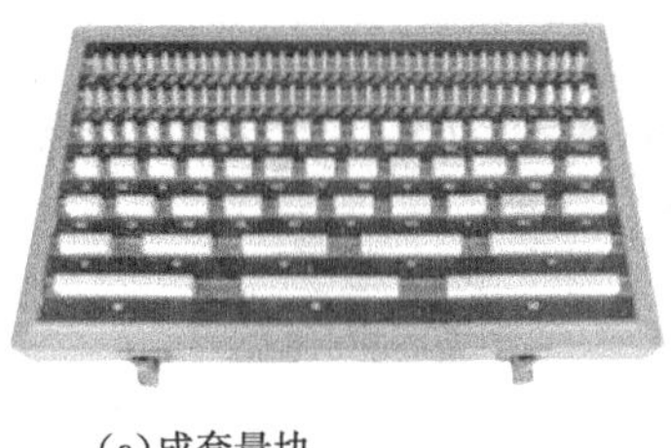

(a)成套量块

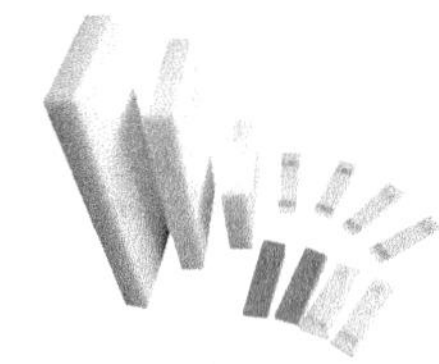

(b) 单个量块

图 3.2 量块

由于量块制造中也存在误差，两测量面也不可能绝对平行，因此规定以它的中心长度作为它的工作尺寸。所谓量块的中心长度，是指量块的上测量面的中心点与另一测量面相研合的辅助体(如平晶)表面的垂直距离。

为满足生产的不同要求，国家标准 GB/T6093－2001 和计量检定规程 JJG146－2003 中对量块精度规定有两种划分标准：一是以其长度的测量不确定度分等，共分为 1、2、3、4、5 五等；另一是以量块长度的偏差分级，规定有 K、0、1、2、3 五级。上述等、级的精度依次从高到低排列。

量块按“级”使用时，应以量块标称长度作为工作尺寸，该尺寸包含了量块的制造误差。按“等”使用时，应以量块经检定后所给出的实测中心长度作为工作尺寸，该尺寸排除了量块制造误差的影响，但仍包含检定时较小的测量误差。因此，在精密测量时，量块按“等”使用比按“级”使用更准确。

量块的应用较为广泛，主要用作尺寸传递系统中的工作基准，用于检定和校准

其他量具、量仪，相对测量时用量块组合一标准尺寸来调整量具和量仪的零位，以及用于精密机床的调整、精密划线和精密定位，也可直接用来测量精密零件量规等。

2. 量块的尺寸组合及使用方法

在实际生产中，量块都是按一定尺寸系列成套生产和使用的，每套量块由一定数量的不同标称尺寸的量块组成，以便组合成各种尺寸，满足一定尺寸范围内的测量需求。GB/T6093－2001 共规定了 17 套量块。常用成套量块的级别、尺寸系列、间隔和块数见表 3.4。

表 3.4 成套量块尺寸表

套别	总块数	级别	尺寸系列/mm	间隔/mm	块数
1	91	K,0,1	0.5		1
			1		1
			1.001,1.002～1.009	0.001	9
			1.01,1.02～1.49	0.01	49
			1.5,1.6～1.9	0.1	5
			2.0,2.5～9.5	0.5	16
			10,20～100	10	10
2	83	K,0,1,2,3	0.5		1
			1		1
			1.005		1
			1.01,1.02～1.49	0.01	49
			1.5,1.6～1.9	0.1	5
			2.0,2.5～9.5	0.5	16
			10,20～100	10	10
3	46	0,1,2	1		1
			1.001,1.002～1.009	0.001	9
			1.01,1.02～1.49	0.01	9
			1.1,1.2～1.9	0.1	9
			2,3～9	1	8
			10,20～100	10	10
4	38	0,K,1,2,(3)	1.0		1
			1.005		1
			1.01,1.02,1.03～1.09	0.01	9
			1.1,1.2,1.3～1.9	0.1	9
			2,3,4～9	1	8
			10,20,30～100	10	10

量块的测量面非常平整和光滑，用少许压力推合两块量块，使它们的测量面紧密接触，两块量块就能紧密粘合在一起，不会自行分开，这样便可组合成一个新的尺寸。量块的这种特性称为研合性。利用量块的特性，就可用不同尺寸的量块组合成所需的各种尺寸，如图 3.3 所示。

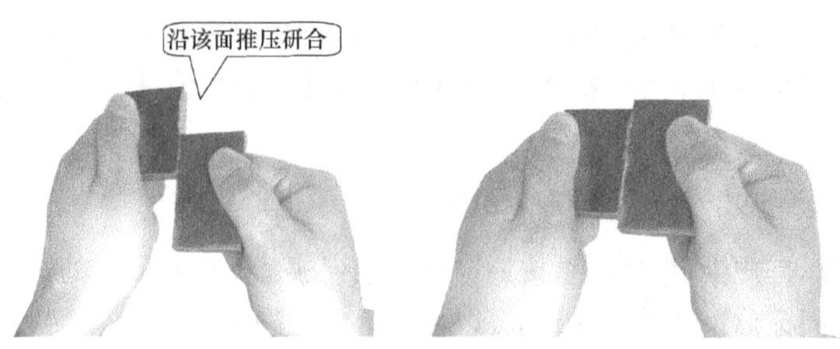

图 3.3　量块的研合方法

量块的研合方法是将两量块呈30°交叉贴合在一起，用手前后微量地移动上面的量块，同时旋动使两量块的测量面转到平行方向，然后沿测量面长边方向平行向前推动量块，直到两测量面完全贴合在一起。

由于每件量块都存在中心长度和平行度误差，几块组合在一起后，误差会增大，为了减少量块组合的累积误差，使用量块时，应尽量减少使用的块数，一般要求不超过4～5块。选用原则：首先应根据所需组合的尺寸，从最后一位数字开始选取，选取能去除最小位数的量块，然后选取较大位数的量块，每选一块，应能使所要组成的量块组尺寸至少减少一位，依此类推，直到组合成完整的尺寸。

【例 3.1】 要组成 87.835mm 的尺寸，试选择组合的量块。

解　最后一位数字为 0.005，因而可采用 83 块一套或 33 块一套的量块。

若采用 83 块一套的量块，则有

```
  87.835
 −1.005——第一块量块尺寸
 ────────
  86.83
 −1.33——第二块量块尺寸
 ────────
  85.5
 −5.5——第三块量块尺寸
 ────────
    80——第四块量块尺寸
```

若采用 38 块一套的量块，则有

```
  87.835
 −1.005——第一块量块尺寸
 ────────
  86.83
  −1.03——第二块量块尺寸
 ────────
   85.8
   −1.8——第三块量块尺寸
 ────────
     84
     −4——第四块量块尺寸
 ────────
     80——第五块量块尺寸
```

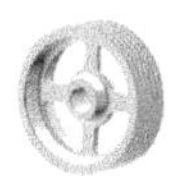

可以看出，采用 83 块一套的量块只需四块，而用 38 块一套的量块需要五块，相比而言采用 83 块一套的量块好些。

3. 使用注意事项

1)组合前，应先根据工件尺寸选择好量块，一般不超过 4～5 块。

2)量块选好后，在组合前要清洗干净，再用麂皮或软绸将各面擦净，不能碰伤和划伤其表面，特别是测量面。要防止腐蚀性气体侵蚀量块，不能用手接触测量面，以免影响量块的组合精度。

3)用推压的方法逐块研合。在研合时应保持动作平稳，用力不宜过大，以免量块变形和测量面被量块棱角划伤。

4)研合过程中，如有打滑、阻滞或刮磨感觉时，应立即停止研合。检查测量面是否有灰尘、污物或毛刺。

5)用小于 5mm 的量块与大尺寸量块研合时，应将小量块放在大量块上面，以免损坏小量块。

6)不得将量块的非工作面与工作面放在一起研合。

7) 使用后，要及时拆开组合量块，清洗、擦拭干净(钢制量块涂上防锈油)后装在特制的木盒内，如图 3.2(a)中所示。不要将量块长时间研合在一起，以免金属粘接损伤工作面。若需经常使用量块时，可在清洗后不涂防锈油，直接放入干燥缸内保存。绝不允许将量块结合在一起存放。

3.2 计量器具

3.2.1 计量器具

1. 计量器具的分类

能用以测出被测对象量值的量具、计量仪器(仪表)和计量装置，统称为计量器具。计量器具的种类很多，按结构特点可分为四类，见表 3.5。

表 3.5 计量器具的分类

种　类	分类及用途	常用计量器具示例
量具 量具是以固定形式复现量值的计量器具。能直接指示出长度的单位、界限。一般结构比较简单，没有传动放大系统	标准量具 指测量时体现标准量的器具。通常用来校对和调整其他计量器具，或作为标准量与被测几何量进行比较。分为定值标准量具和变值标准量具	定值标准量具：量块，基准米尺，直角尺等 变值标准量具：多面棱体，线纹尺等
	通用量具 可用来测量某一范围内的各种尺寸，并能获得具体数值，通用性大，是生产中使用最广泛的器具。按其结构特点	固定刻线量具：钢直尺 游标量具：游标卡尺，深度游标卡尺，高度游标卡尺等 螺旋测微量具：外径千分尺，内径千

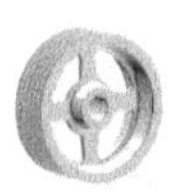

续表

种　类	分类及用途	常用计量器具示例
	又分为固定刻线量具、游标量具、螺旋测微量具、测角量具等	分尺，深度千分尺，杠杆千分尺，公法线千分尺等 测角量具：万能角度尺，角度样板等
量规 量规是指没有刻度的专用计量器具。用于检验零件（尺寸、形状、位置）是否合格。量规检验不能获得被测几何量的具体数值，只判断合格性	光滑极限量规 用于检验光滑圆柱形工件的合格性。可分为孔用极限量规和轴用极限量规	孔用极限量规：全形塞规，不全形塞规，球端杆规，片形塞规 轴用极限量规：环规，卡规，塞规
	螺纹量规 用于综合检验螺纹的合格性	螺纹环规，螺纹塞规
	圆锥量规 用于检验圆锥的锥度及尺寸	圆锥套规，圆锥塞规
量仪 量仪是将被测几何量值转换成可直接观察的指示值或等效信息的计量器具。量仪一般具有传动放大系统	按原始信号转换的原理不同可分为机械式量仪、光学式量仪、电动式量仪和光栅式量仪等，其中机械式量仪应用最广	机械式量仪：百分表，杠杆表等 光学式量仪：光学比较仪，测长仪，工具显微镜等 气动式量仪：水柱式气动量仪，水银式气动量仪，膜片式气动量仪和波纹管式气动量仪等 电动式量仪：电动式比较仪等 光栅式量仪：光栅测量仪，光栅式分度头等

2. 计量器具的基本计量参数

一定的计量器具只能在一定范围内使用，计量器具的适用范围决定于计量器具的计量参数和本身固有的内在特性。计量器具的计量参数是反映其性能和功用的指标，也是选择和使用计量器具的主要依据。只有掌握这些参数，才能正确、合理地选择和使用量具。

计量器具的基本计量参数有：

1）分度值：又称刻度值，是指计量器具的标尺或刻度盘上每一小格所代表的测量值。如图 3.4 所示量仪的分度值为 0.001mm，即每一小格刻度表示被测尺寸为 0.001mm。一般分度值越小，表示计量器具的测量精度越高。

2）刻度间距：是指计量器具的标尺或刻度盘上两相邻刻线中心的距离。如图 3.4中所示，c 即为刻度间距。

3）示值范围：是指计量器具的标尺或刻度盘上所指示的起始值到终了值的范围，如图 3.4 所示，示量仪的示值范围为±0.015mm。

4）测量范围：是指计量器具能测出的被测量的最小值到最大值的范围。如图 3.4所示，量仪的测量范围为指示器在表座上沿被测尺寸方向的可调范围。量具的示值范围与测量范围是两个不同概念，如千分尺的测量范围有 0～25mm、

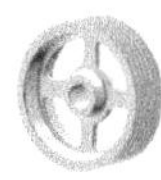

25～50mm、50～75mm等多种规格，而它的示值范围均为 25mm。

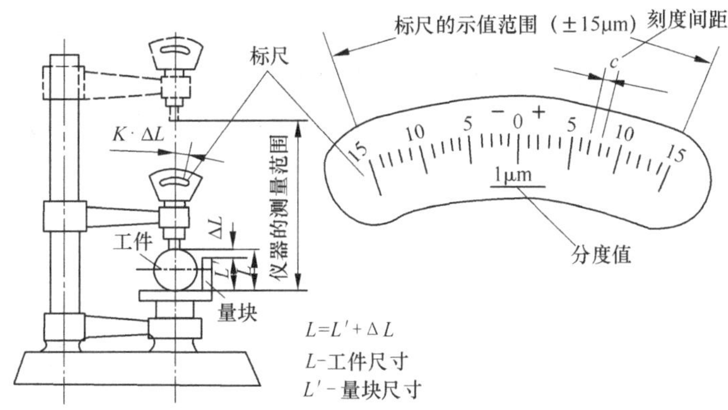

图 3.4　刻度间距和分度值、示值范围和测量范围的比较（相对测量）

5）灵敏度：是指计量器具反映被测几何量微小变化的能力，如被测几何量变化为 ΔX，计量器具上反应的变量相应的变化为 ΔL，则灵敏度 S 为

$$S = \Delta L/\Delta X$$

一般分度值越小，计量器具的灵敏度越高。

6）示值误差：是指计量器具的指示值与被测几何量的真值之差值。示值误差是代数值，有正负值之分，可通过对该器具检定来得到。一般示值误差越小，表示计量器具的精度越高。

7）校正值（或称修正值）：为了消除计量器具示值误差的影响，加到测量结果上的数值。它与示值误差大小相等，符号相反，如示值误差为－0.5mm，修正值便为＋0.5mm。修正值一般通过检定来获得。

8）重复精度：是指在相同条件下，如按同一方法，由同一操作者用同一测量器具，在同一测量地点于很短时间间隔内，对同一被测几何量连续进行多次测量时，所得测量值的分散范围。一般以测量重复性误差的极限（正负偏差）来表示。

9）测量力：是指在测量过程中量具与被测表面间的接触力。在接触测量中，需有适当的测量力，以保证接触可靠且恒定，但测量力不宜太大，否则会引起被测件和量具的变形与损坏，因此必须控制适当的测量力，如千分尺上的棘轮装置。

3.2.2　测量方法的分类

在长度测量中，测量方法是根据被测对象的特点来选择和确定的。被测对象的特点主要是指它的精度要求、几何形状、尺寸大小、材料性质以及数量等。测量方法主要有以下几种。

1. 直接测量

直接测量是指直接用量具或量仪测出被测几何量值的一种方法。如图 3.5 所示用游标卡尺测量长度尺寸 L。

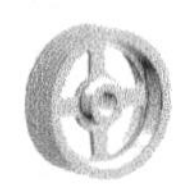

2. 间接测量

间接测量是指先测出与被测几何量相关的其他几何参数，再通过计算获得被测几何量值的方法。间接测量一般用于不便采用直接测量的场合，或间接测量比采用直接测量要方便时。如图 3.6 所示，需测得两孔的中心距 L，可先测出 L_1 和 L_2，然后再计算出孔的中心距 $L=\frac{L_1+L_2}{2}$。

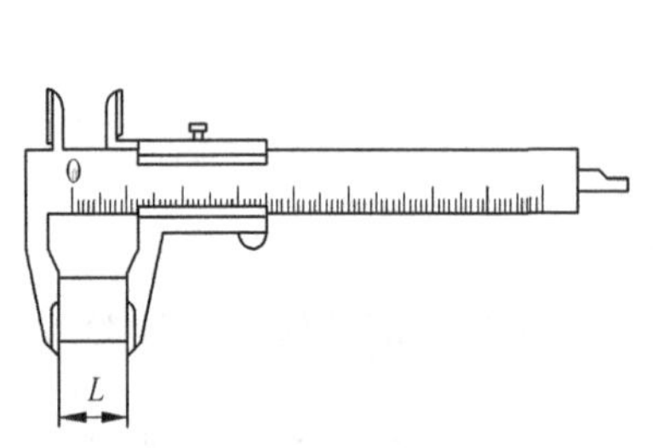

图 3.5　直接测量

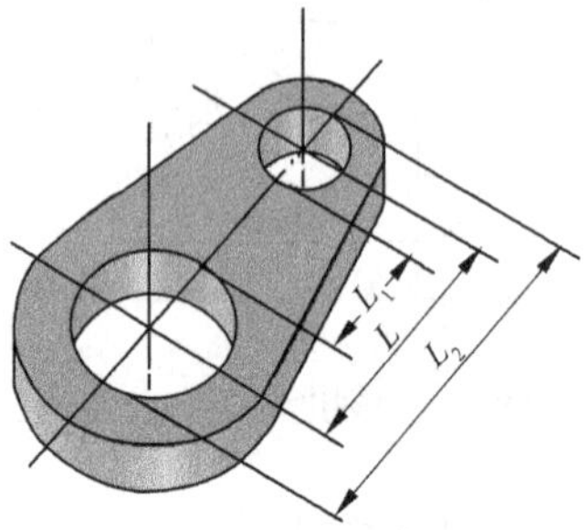

图 3.6　间接测量

3. 接触测量

接触测量是指量具或量仪的触头直接与被测零件表面相接触得到测量值的方法。按接触形式分为点接触、线接触、面接触。

4. 非接触测量

非接触测量是指量具或量仪的触头不直接与被测零件表面相接触，而是通过其他介质与被测零件表面相接触得到测量值的方法。

5. 绝对测量

绝对测量是指从量具或量仪上直接读出被测几何量数值的方法，如图 3.7 所示用游标卡尺测量轴颈，可直接从卡尺上读出尺寸值。

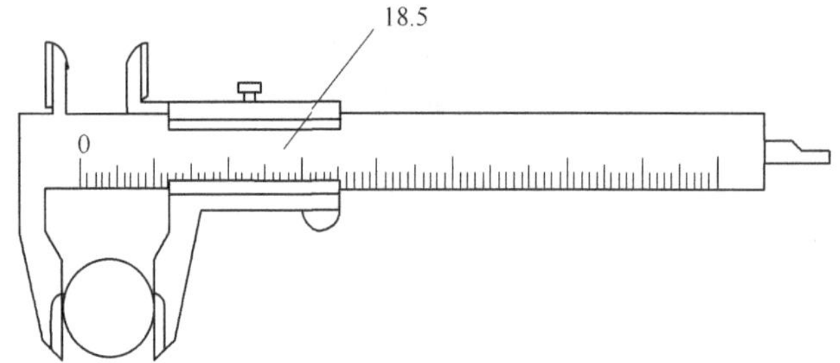

图 3.7　绝对测量

6. 相对测量

相对测量又称比较测量或微差测量。通过读取被测几何量与标准量的偏差来确定被测几何量数值的方法。相对测量不能直接读出被测数值的大小，但一般能获得较高的测量精度。如图 3.8(a、b)所示的用测微仪测量滚柱直径数值时，先按

名义尺寸用量块作标准量，调至零位，然后测量滚柱直径数值，获得其偏差值为ΔL，若量块尺寸为$L_{标}$，则测得零件尺寸为

$$D = L_{标} \pm \Delta L$$

式中，$L_{标}$——标准量(量块数值)；

ΔL——被测零件相对于标准量的偏差值；

D——被测零件的数值(滚柱直径数值)。

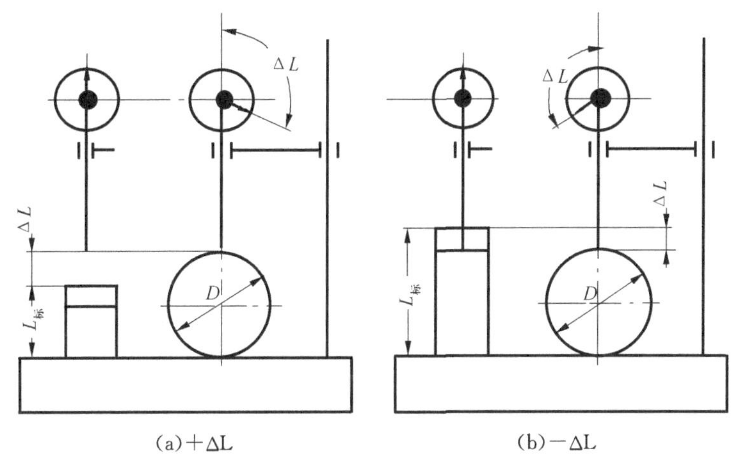

(a)+ΔL　　(b)−ΔL

图 3.8　用测微仪测量滚柱直径

7. 单项测量

单项测量是指在一次测量中只测量一个几何量的量值。如测量齿轮公法线长度。这种测量方法不能直接肯定零件各部分的综合误差是否超过了总的公差带。

8. 综合测量

综合测量是指在一次检测中可得到几个相关几何量的综合结果，以判断工件是否合格。如用螺纹量规综合检验螺纹的合格性。这种测量方法能全面评定零件各个参数的综合误差。综合误差并不等于各个参数单项误差的总和。

9. 主动测量

主动测量是指在零件加工中，加工过程与测量同时进行。这样可预防废品的产生。

10. 被动测量

被动测量是指在零件加工后进行测量。这种测量只能鉴别零件的合格与否，不能防止废品的产生。

11. 静态测量

静态测量是指对静止状态的被测零件逐个地进行单项测量，如使用通用量具测量静止状态中的零件。

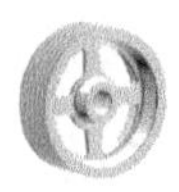

12. 动态测量

动态测量是指使用自动测量仪器对运动状态中的零件进行测量，如用动态螺距测量机连续地测量螺距误差。

3.3 测量误差

3.3.1 测量误差及其产生原因

任何测量过程，无论采用何种精密的测量方法，其测得值都不可能等于几何量的真值，即使测量条件相同，对同一被测几何量重复进行多次的测量，其测得值也不会完全相同，只能与其真值近似。这种由于计量器具本身的误差和测量条件的限制而使测量结果与真值之间形成的差值称为测量误差，又称绝对误差。

误差是评定测量结果准确与否的重要标准。误差是评定测量方法准确与否的依据。误差是评定仪器设计质量高低的依据。误差是评定检测者技术熟练程度的标志之一。

测量误差产生的原因很多，归纳起来主要有以下几种。

1. 人员误差

人员误差是由测量人员主观因素和操作技术水平所引起的误差，例如测量人员使用计量器具的方法不正确，对示值的分辨能力和对仪器的调节能力不强等因素引起的测量误差。

2. 计量器具误差

计量器具误差是由于计量器具本身在设计、制造、装配和使用调整上的不准确而引起的。这些误差综合表现即为示值误差和示值的稳定性。

3. 方法误差

方法误差是指测量方法不完善所引起的误差，如计算公式不准确，测量方法选择不当、基准选择不当、工件安装定位不准确引起的测量误差。

4. 环境误差

环境误差是指测量时，测量环境不符合标准状态而引起的测量误差。影响测量环境的因素有温度、湿度、气压、振动、灰尘、油膜、照明等，其中温度对测量误差的影响最大。

测量误差是不可避免的。在实际生产中，只要根据被测量的精度要求，合理选用计量器具、测量方法及环境，准确操作，将测量误差控制在一定范围内，就可以满足测量精度要求。

3.3.2 测量误差的分类

测量误差按其特性分为系统误差、随机误差、过失误差三类，现分别叙述如下：

1. 系统误差

系统误差是指对同一被测量值进行多次重复测量时，误差的大小和符号是固定不变的，或是按一定的规律变化的测量误差。

根据以上两种不同的情况，系统误差又可分为两种。前一种情况称为定值系统误差，例如量块的实际值和公称值之差；后一种情况称为变值系统误差，按其变动规律的不同可分为周期误差和累积误差。周期误差是指按周期规律出现的误差，例如测微仪的指针和刻度盘的偏心所引起的误差；累积误差是指随着某种因素(时间或长度)的变化而变化的误差。系统误差是可以控制的，有的可以修正，有的可以在测量中消除掉。系统误差越小，测量的准确度越高。

系统误差的消除方法有：

1)消除误差的根源。例如零位偏移，设法调正零位；盘针中心偏离，设法修复至同心等。

2)修正法。对于一些定值系统误差，如能事先用相应精度的仪器将其检定出来，并制出相应的修正表或修正曲线，就可加以修正。例如，某一量块的公称尺寸为 20mm，经检定其真实值为 20.001mm，即系统误差为 $-1\mu m$。当用该量块的公称尺寸进行测量时，就应在结果中加入大小与误差相同，但符号相反的修正量，这样便可消除该系统误差。

3)补偿法。对于一些定值或变值系统误差，常可根据误差出现的符号不同和相互补偿的原理，用两次读数法来消除它。例如测量螺纹时，仪器顶尖中心线和螺纹轴线不相重合而引起的安置误差，可采用先按左齿面测量，测得数值 $t_{左}$，再按右齿面测量，测得数值 $t_{右}$，然后取此两值的平均值，可得 t 的近似值。

2. 随机误差

指在相同条件下，多次等精度地重复测量同一量值时，所得测量结果，其大小与方向不是按一定的规律变化的误差。随机误差又叫做极限误差。例如仪器中传动链的间隙、连接件的弹性变形、油层带来的停滞现象和摩擦力的变化等都会产生随机误差，还有检测者的精神状态，测量时周围条件的变动等都影响着随机误差。这种误差是不可避免的，但在对同一被测量进行大量重复测量时，则可发现随机误差符合统计学规律，其误差的大小和正负符号的出现具有确定的概率。测量次数越多，随机误差的统计规律越明显，最常见的规律是呈正态分布的。随机误差的分布具有如下特点：

1)单峰性。误差绝对值小的比误差绝对值大的误差出现的机会多，即概率大，称为误差的单峰性。

2)有界性。在一定的测量条件下，随机误差的绝对值不会超过一定界限，称为

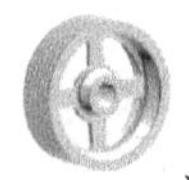

误差的有界性。

3)对称性。绝对值相等的正负误差出现的机会相等,或叫概率相同,称为误差的对称性。

4)抵偿性。随测量次数的无限增多,随机误差的算术平均值趋向于零,称为误差的抵偿性。

3. 过失误差

主要是由检测者的过失造成的。凡是误差值超过$\pm 3\sigma$的就是过失误差,又叫粗大误差。造成过失误差的原因有:

1)检测者注意力不集中,工作粗心大意。

2)检测者过度疲劳。

3)新手缺乏经验。

4)测量过程中读错、听错、记错、算错。

3.3.3 测量精度

通过检测得到的测量数字基本上都是带小数的近似数,测量数字的有效位数代表着它们的精确程度。有效位数不同,所反映的精度也不相同。选择测量数字的位数既不能太少,又不能过多。测量数字的位数太少,精度不高,位数太多会增加计算工作量,还常常容易出错。选择测量数字位数的方法如下:

1. 使用仪器时读数

通常测量仪器的最小分度值是按仪器所能达到的精度来确定的,因此按仪器的最小分度值来读数就可以了。如需做进一步运算,则在按最小分度值读取后再估读一位。例如千分尺的最小分度值位是0.01mm,再估读一位时,得0.00×mm。

2. 计算过程中测量数字位数的选择

1)单一运算中的选择法。单一运算是指只需做一种加减、乘除、开方或乘方的运算。

① 小数的加减运算。10个以内的数进行加减运算时,小数位数较多的测量数字所应保留的位数应比小数位数最少的那个测量数字多一位,其余数字均可舍去。计算结果数字的位数取与各数中小数位数最少的位数相同。例如有30.245、50.78、40.5三个测量数字,小数位数最少的是40.5,则相加时其余各数据可多取一位:

$$30.24+50.78+40.5=121.52$$

计算结果,应保留小数后一位,即取121.5。

② 小数的乘除运算。在两个测量数字相乘或相除时,有效数字较多的测量数字应比有效数字较少的那个测量数字多保留一位。计算结果所得的积或商中,从第一个不是零的数字起,应保留与原来测量数字小数位数最少的那个相同

的位数。

③ 小数的开方与乘方运算。小数开方或乘方时，计算结果所得数字，从第一个不是零的数字起，应保留与原来测量数字小数位数相同的位数。

2)同时需做几种运算的选择法。在检测过程中，常要做几种数学运算，这时对需做中间计算的数字，应保留的位数需比单一运算所保留的位数多一位。

3)数字的取舍法。确定了测量数字的保留位数以后，对原有的数字采取“四舍五入”法。

3.4 常用量具的选用与维护

3.4.1 量具的选用

量具量仪是为产品服务的。量具量仪的精度、测量范围和形式，应满足产品的要求。正确合理地选用量具量仪，不但是保证产品质量的需要，而且是提高经济效益的措施。

量具量仪的选择，主要依靠被测零件尺寸的公差和量具量仪本身的示值误差以及经济指标来选用。

零件尺寸的公差和量具量仪本身的示值误差，一般在零件图和量具量仪的说明书上已经注明。所谓经济指标，则包括量具量仪的价格、量具量仪使用的持久性(修理的间隔期)、检定调整及修理所消耗的时间、测量过程所需要的时间等内容。选择量具和量仪时，必须将上述各项因素综合加以考虑和比较。

1. 计量器具的选择原则

1)计量器具应与测量目的、生产批量、工件的结构尺寸及精度要求、材质、重量等相适应。

2)计量器具的选择，首先应使其规格指标能满足被测工件的要求，既所选计量器具的测量范围、示值范围、刻度值、测量力应能满足被测工件的要求。

2. 计量器具精度的选择原则

按照计量器具的不确定度允许值 u_1 选择计量器具。选择时，应使所选用的计量器具的测量不确定数值等于或小于选定的 u_1 值。

3. 量具的选用方法

为选好量具，必须具备下列条件：第一要熟悉量具量仪的特点、规格、精度和使用方法；第二要弄清零件的技术要求；第三要掌握量具量仪的经济指标各项数据。量具的选用方法如下：

1)按被测零件的不同要求，选用量具量仪。例如测量长度、外径，测量孔径，测量角度、锥度，测量高度、深度，测量螺纹，测量齿轮，测量配合面的间隙等，应分别

选用相应的量具量仪。

2)按生产类型选用量具量仪。零件的批量不同,从讲求效率和经济效益的角度出发,应选用不同种类的量具量仪。单件、小批生产应尽量选用通用量具量仪,例如卡尺、千分尺、杠杆表、量块等。成批生产可采用以专用量具为主,通用量具为辅的办法。例如采用卡规、塞规、专用量具等。大量生产除采用专用量具外,还应考虑高效机械化和自动化检测装置。

3)按零件的精度选用量具量仪。测量低精度的零件选低精度测量器具,测量高精度的零件选高精度测量器具,这是选择量具量仪时一个不可忽视的原则。如果以低精度的测量器具去检测高精度的零件,一是无法读出精确值,例如用0.01mm读数的千分尺,去测0.001mm精度的零件,无法读出千分位的准确数值;二是即使勉强使用,不但测量误差大,而且会增加零件的误废率。如果以高精度的测量器具去检测低精度的零件,一是不经济,二是加速了量具磨损,容易使其丧失精度。

按零件的精度选择量具有两种方法:

① 按测量器具的不确定度选择量具。步骤是:第一步根据零件的尺寸公差,由表3.6查出安全裕度A和计量器具的不确定度允许值u_1;第二步根据零件的尺寸范围,由表3.7和表3.8内选择出符合$u_L \leqslant u_1$条件的计量器具;第三步确定零件的验收极限。

表3.6 计量器具的不确定度允许值

工件的尺寸公差值	安全裕度A	计量器具的不确定度允许值u_1
>0.009~0.018	0.001	0.0009
>0.018~0.032	0.002	0.0018
>0.032~0.058	0.003	0.0027
>0.058~0.100	0.006	0.0054
>0.100~0.180	0.010	0.009
>0.180~0.320	0.018	0.016
>0.320~0.580	0.032	0.029
>0.580~1.000	0.060	0.054
>1.000~1.800	0.100	0.090
>1.800~3.200	0.180	0.160

计量器具的不确定度允许值u_1:在实际测量选用计量器具时,为了保证测量值的准确度达到一定的规范值,则要求计量器具的"不确定度"在一个允许的范围之内,这就是计量器具的"不确定度"值u_1。

计量器具的不确定度,见表3.7和表3.8。

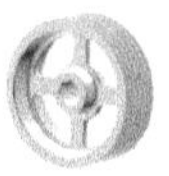

表 3.7　常用游标卡尺、千分尺的不确定度 u_L

<table>
<tr><th rowspan="2">尺寸范围/mm</th><th colspan="4">不确定度 u_L/mm</th></tr>
<tr><th>外径千分尺
分度值 0.01</th><th>内径千分尺
分度值 0.01</th><th>游标卡尺
分度值 0.02</th><th>游标卡尺
分度值 0.05</th></tr>
<tr><td>>0～50</td><td>0.004</td><td rowspan="3">0.008</td><td rowspan="6">0.020</td><td rowspan="4">0.050</td></tr>
<tr><td>>50～100</td><td>0.005</td></tr>
<tr><td>>100～150</td><td>0.006</td></tr>
<tr><td>>150～200</td><td>0.007</td><td rowspan="3">0.013</td></tr>
<tr><td>>200～250</td><td>0.008</td><td rowspan="8">0.100</td></tr>
<tr><td>>250～300</td><td>0.009</td></tr>
<tr><td>>300～350</td><td>0.010</td><td rowspan="3">0.020</td><td rowspan="7">—</td></tr>
<tr><td>>350～400</td><td>0.011</td></tr>
<tr><td>>400～450</td><td>0.012</td></tr>
<tr><td>>450～500</td><td>0.013</td><td>0.025</td></tr>
<tr><td>>500～600</td><td>—</td><td rowspan="3">0.030</td></tr>
<tr><td>>600～700</td><td>—</td></tr>
<tr><td>>700～1000</td><td>—</td><td>0.150</td></tr>
</table>

注：计量器具的不确定度 u_L 是指计量器具误差的大小。

表 3.8　常用百分表、千分表的不确定度 u_L

<table>
<tr><th rowspan="2">尺寸范围/mm</th><th colspan="5">不确定度 u_L/mm</th></tr>
<tr><th>分度值为0.001的千分表（0 级在全量程范围内，1 级在 0.2mm 内）；分度值为 0.002 的千分表（在 1 转范围内）</th><th>分度值为 0.001（1 级）、0.002、0.005 的千分表（在全量程范围内）</th><th>分度值为 0.01的百分表（0 级在 1 转范围内）</th><th>分度值为 0.01的百分表（0 级在全量程范围内，1 级在 1 转范围内）</th><th>分度值为 0.01的百分表（1 级在全量程范围内）</th></tr>
<tr><td>>0～25</td><td rowspan="5">0.005</td><td rowspan="9">0.010</td><td rowspan="9">0.010</td><td rowspan="9">0.018</td><td rowspan="9">0.030</td></tr>
<tr><td>>25～40</td></tr>
<tr><td>>40～65</td></tr>
<tr><td>>65～90</td></tr>
<tr><td>>90～115</td></tr>
<tr><td>>115～165</td><td rowspan="4">0.006</td></tr>
<tr><td>>165～215</td></tr>
<tr><td>>215～265</td></tr>
<tr><td>>265～315</td></tr>
</table>

② 按零件的公差选用量具。当已知零件的尺寸公差，可根据公差确定精度系

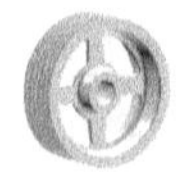

数，算出量具测量方法的极限误差，来选用合适的量具。

为了简化计算或省略查表，根据零件的精度，可按表 3.9 选用量具。

表 3.9　按零件精度选用量具

零件精度	应选量具
1～2 级（IT5～IT6）	杠杆千分尺、公法线杠杆千分尺、内外径比较仪、0 级百分表、测微仪
2～3 级（IT7）	0 级千分尺、0 级百分表、0 级内径千分尺（表）、公法线千分尺
3～4 级（IT8～IT9）	1 级千分尺（表）、内径千分尺（表）、公法线千分尺
5～6 级（IT9～IT11）	公法线千分尺
6～10 级（IT11～IT16）	游标卡尺

4）按被测零件的表面特性选用量具。零件的材料较软时，为了防止划伤，最好使用测力小的非刀口形量具，或选用非接触式仪器。

5）按零件的形状、轻重、大小和测量方法选用量具。当用于绝对测量时，选量具必须使被测尺寸在所选用测量仪器的测量范围内，被测零件有多大，就选用多大的规格；用于比较测量时，测量器具的示值范围还应大于被测的尺寸公差。

3.4.2　量具量仪的维护

任何量具量仪，如果只知使用，不加维护，不要多久，就会丧失精度，最后变成废物。如果爱惜使用，精心维护，即使发生磨损，经过检修，仍能保持使用功能。正确使用和维护量具量仪是保持其精度，延长其使用寿命的重要条件。要想正确使用和维护量具量仪，那就必须控制环境对量具量仪的影响。

1）控制温度的影响。

① 零件在检测前要进行“定温”。

② 从机床上刚取下的零件或从温度低的环境中取来的零件，不应立即进行检测，要待其恢复到室温以后再测量。

③ 不要把手的热量传输给零件和量具量仪。例如检测零件时要戴手套，使用量具时应握绝热护板，尽可能减少手与零件的直接接触。

④ 严格控制恒温室内的工作人员数，以防人的体热通过辐射影响量具量仪。对于高精度的仪器或对温度敏感性很强的仪器，应另加隔热罩或隔热屏。

⑤ 防止把量具量仪放在日光下曝晒，或置于热源（如电炉、暖气、机床发热部分）附近，以防变形。

2）控制湿度的影响。湿度对测量误差虽无直接影响，但对量具量仪的寿命却是一个很大的威胁。潮湿会使量具量仪生锈，光学镜头也会发霉长毛，半镀层、反射镜镀层可能受侵蚀脱落。因此，要控制相对湿度。相对湿度一般要求在 60%以下。当室内的湿度过高时，要采取有效措施，予以降湿防潮。降湿防潮的方法如下：

① 装置驱湿机，吸收室内水分。

② 加强通风，使室内水气排到室外。

③ 精密量具量仪可配置玻璃罩，罩内置硅胶、氯化钙等吸湿剂，以保持干燥。

④ 室内不允许设置上下水池，并严防雨水流入、水源水渗入等。

⑤ 仪器室一般应建立在地势高而干燥的地方。

⑥ 不要把潮湿的东西带进仪器室内，例如：不要用湿拖布拖地板；湿抹布用后应立即放到室外；不要把雨具放在室内；不要在室内洗手、喝水、吃饭。

⑦ 不要用电炉在室内烧水。

⑧ 严格控制暖气管漏气漏水。

⑨ 不将室外热空气引入室内。

3)消除震动的影响。精密仪器是怕震动的。因为震动能使某些部件发生相对位移，从而丧失量仪的精度与灵敏度。在检测过程中、更不宜有震动，因为那样测出的数值不稳定。防震的措施一般有下列几点：

① 仪器室的位置，应远离震源。例如空压机站、马路、锻造车间、发动机试验场、射击试验场、冲压车间等。

② 当难以避开震源时，可在室外挖防震沟，切断从地面传来的震波。

③ 仪器底部可适当垫置厚橡皮，但注意要调好仪器的水平位置。

④ 不允许用量具敲击物件；也不允许在量仪旁边敲击物件。

⑤ 转移量仪时，必须轻拿轻放，千万不要摔着量仪。

4)控制灰尘的影响。空气中灰尘过多，将使仪器光路系统、镜面等因积聚灰尘而影响像质的清晰度，同时，擦洗也较困难。灰尘过多，将使仪器活动部分受阻滞，影响测量精度与正确示值。防尘在精密测量中是不容忽视的，其措施是：

① 用过的量具量仪都要用绸布或麂皮擦清洁，放入盒内或箱内。绸布或麂皮要经常洗涤，保持干净。

② 所有仪器都要加防尘罩。

③ 仪器室内不铺地毯；天花板、四壁、地板要涂漆；门窗最好是双层的，而且要严密。

④ 进出仪器室要换鞋、换工作服、戴帽，避免把尘土带进室内。

⑤ 仪器室内严禁吸烟、生煤炭炉子；禁止烧废纸；禁止拆衣服、织毛衣。

⑥ 准备检测的零件，先擦洗干净后，再送仪器室检测。

5)控制气体、液体的影响。腐蚀性气体和液体将使量具量仪锈蚀损坏，应严格防备。下列几项措施应注意做到：

① 防止煤烟或带有酸碱性的气体进入仪器室，要防止其与量具量仪接触。

② 仪器室应建在远离酸洗车间、理化室、锅炉房等地方。

③ 手套、绸布、麂皮的洗涤，最好用中性洗涤剂或肥皂，并用清水冲洗干净。

④ 防止手汗浸染量具和量仪而使其生锈。

⑤ 使用合格的防锈油进行油封，最好是置换性的。

⑥ 墨水勿掉在量具量仪上，以防腐蚀。

⑦ 量具不要放在图纸上，因为图纸经氨水熏染后带有碱性。

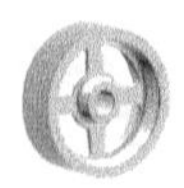

3.4.3 做好量具量仪的日常使用与维护工作

1)掌握量具量仪的正确使用方法及读数原理,避免测错、读错现象。

2)量具量仪勿置于磁场附近,避免因磁化而使测量面吸附切屑,加大测量误差。例如磁性工作台、磁性卡盘都有磁场,卡尺、千分尺不要放在它的旁边。

3)粗加工用一般量具,精加工用精密量具。

4)测量前,量具先要进行校对,如无问题,方可进行测量。同时,量具量仪的测量面与零件的被测面要擦拭干净,以免灰尘、切屑夹杂其中,加大测量误差。

5)测量时,切勿用力过猛,要让量具量仪的测量面轻轻接触零件。凡是有测力装置的量具,应充分使用这种装置使测量面慢慢接触零件。

6)在机床上测量零件时,应待机床停稳后,方可进行,以免损坏量具,并防止造成人身事故。

7)量具除用来检测零件外,不可作其他工具的代用品,例如不可用量具代替划针、锤子、螺丝刀、扳手等。

8)量具应放置在平稳安全的地方,严防受压,切勿掉地。用过后的量具要及时擦干净,在测量面上涂以防锈油,然后放进量具盒内。两个测量面不要紧靠在一起,以防加速锈蚀。

9)切勿将量具与其他工具混放。在工具箱中,量具与刃具、磨料、砂布等应分格存放。

10)量具量仪要定期检定,并做好记录。

11)测量零件时要有足够的照明度,合理的照明度为50~250勒克斯。

习　题

1. 什么是测量和检验?
2. 零件为何要进行测量?测量的目的、要求、过程有哪些?
3. 量块为何能用来检定和校准其他量具量仪?
4. 量块在进行尺寸组合时的选用原则是什么?使用时要注意哪些问题?
5. 要组成38.935的尺寸,试选择组合的量块。
6. 计量器具指的是什么?它有哪些种类?请举例说明。
7. 测量的方法有哪些?是如何来进行选用的?请举例说明。
8. 在测量时,为什么会产生测量误差?
9. 有哪些测量误差?如何来进行消除?
10. 量具的分类及选用的要求是什么?如何来选好量具?
11. 为何要对量具量仪进行维护保养?
12. 日常保养量具量仪应注意哪些方面?

第
4
章

光滑圆柱体测量

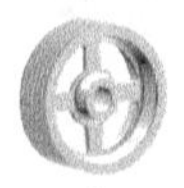

4.1 轴类零件的测量

4.1.1 轴类零件

轴类零件是机械制造业中非常重要的一类非标准零件。它主要用来支持旋转零件、传递转矩以及保证被动零件具有一定的精度和互换性。它的参数精确与否将直接影响装配精度和产品合格率。图 4.1 为一轴类零件。

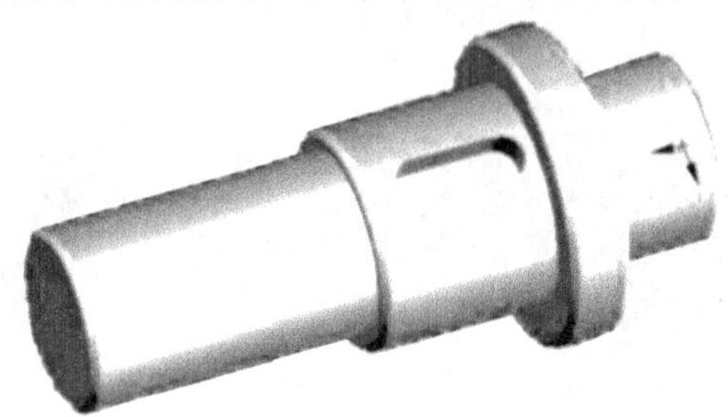

图 4.1 轴类零件

1. 轴类零件的主要技术要求

轴类零件的主要技术要求有尺寸精度、几何形状精度、位置精度、表面粗糙度等。

2. 轴类零件的测量内容

轴类零件的测量内容有直径、长度、圆度、锥度、同轴度、表面粗糙度、端面及径向跳动。

3. 轴类零件的常用量具

轴类零件的常用量具有外径千分尺、游标卡尺、百分表、正弦规、圆度仪等。

4.1.2 轴类零件的测量

1. 实训一:直径测量

(1)实训目的

1)了解外径千分尺的结构、工作原理及读数方法。

2)掌握外径千分尺的正确使用方法。

3)能正确测量轴类零件的直径尺寸。

(2)量具与工件

1)外径千分尺,见图 4.2。

2)被测工件,见图 4.3。

3)偏摆仪,见图 4.5。

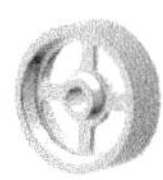

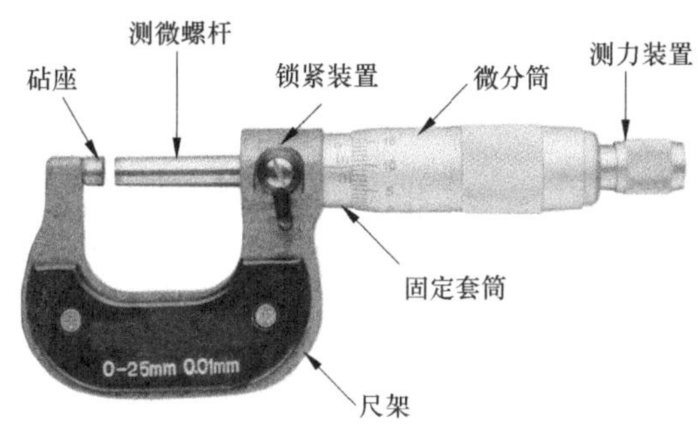

图 4.2　外径千分尺

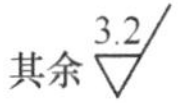

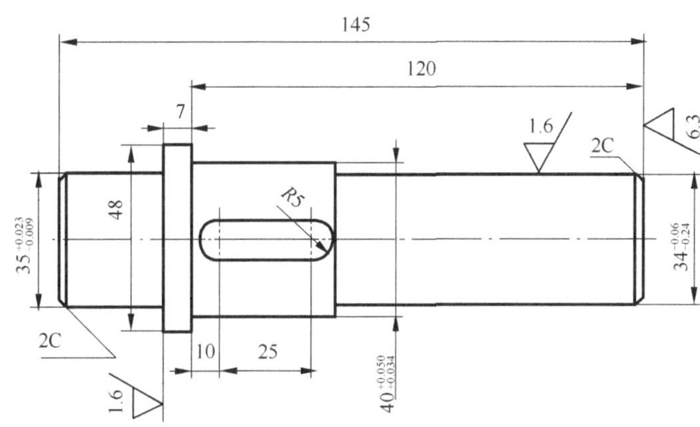

图 4.3　轴类零件图

(3)外径千分尺的工作原理与读数方法

1)外径千分尺的工作原理是利用螺旋传动原理把螺杆的旋转运动转化成直线位移来进行测量的。螺杆的螺距一般制成 0.5mm,螺杆旋转一周,沿轴线方向移动0.5mm,螺杆上的微分筒也旋转一周。微分筒圆周有 50 个分度,所以微分筒刻度值为 0.01mm,其固定套筒上有一条纵刻线,其上下各有一排均匀的间距为 1mm 的刻线,上下相邻的两条刻线之间的纵向距离为 0.5mm,读数时,上排位为整数值,下排位为小数 0.5 mm 值。

2)读数方法分三步进行:

① 先读整数。微分筒的棱边所指示的固定套筒上的上排刻度整数值,是以 1mm 作为单位的整数部分,如图 4.2 所示。

② 再读小数。测量值的小数部分有以下几种情况:

a. 微分筒的棱边压在固定套筒上排刻线的某一条刻线上,且微分筒上的 0 刻线正对固定套筒上的纵刻线,此时小数值为 0。

b. 微分筒的棱边压在固定套筒下排刻线的某一条刻线上,且微分筒上的 0 刻线正对固定套筒上的纵刻线,此时小数值为 0.05mm。

c. 微分筒的棱边压在固定套筒上排的某一条刻线之后，与下排相邻刻线之前时，小数值即为微分筒正对固定套筒上的纵刻线的刻线所指示的数值，此时小数值处于0～0.5 mm之间。

d. 微分筒的棱边压在固定套筒上排的某一条刻线之前与下排相邻刻线之后时，小数值即为微分筒正对固定套筒上的纵刻线的刻线所指示的数值再加上 0.5mm，此时小数值处于 0.5～1.0mm 之间。

③ 求取测量值。将上述整数值和小数值相加，即得被测量值。

(4)测量步骤

1)根据工件图纸尺寸，选择千分尺的测量范围。

2)擦净量具的测量面与被测零件的表面。

3)校对和调整量具的“0”位。

4)将被测零件安装在偏摆仪上。

5)测量零件上的各个直径尺寸并记录好数据。

6)根据仪器的示值误差，修正测量结果。

(5)填写实训报告

(6)注意事项

1)千分尺在使用前应检查棘轮能否带动微分筒灵活地旋转，测微螺杆移动是否平稳、无卡住现象，微分筒与固定套筒间应无摩擦，旋紧测微螺杆后棘轮能发出“咔咔”声。

2)为防止手温影响千分尺的测量准确度，要求手要握在千分尺的护板处。

3)使用大型千分尺时，要由两人同时操作。

4)在较大范围内调节千分尺时，应转动微分筒，这样能提高测量速度，并能防止棘轮不必要的磨损。

5)当千分尺测量面与工件被测量面快要接触时，应旋转棘轮进行测量，待棘轮发出“咔咔”声后，才可读数。

6)测量完退尺时，应旋转微分筒。旋转微分筒或棘轮时，不得快速旋转，以防测量面与被测量面发生猛撞，把测微螺杆撞坏。

7)正确选择测量面与被测面的接触位置。当测量面与被测面接触后，要轻晃千分尺或被测件，使测量面与被测面接触良好、准确、紧密。测量时，螺杆轴线与被测工件的被测尺寸方向一致，不得歪斜。要使千分尺的整个测量面与被测量面相接触，不要只用测量面的边缘进行测量，如图 4.4 所示。

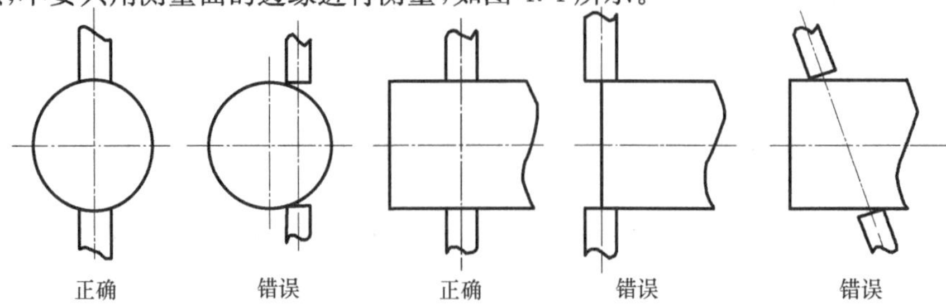

图 4.4　用千分尺测量时正确选择测量面的接触位置

知识链接

(1)外径千分尺校对"0"位的方法

对于测量范围为0～25mm的外径千分尺,可直接校对"0"位,方法是:擦净两个测量面,旋转微分筒,当两个测量面即将接触时,改用旋转棘轮使两个测量面相接触,待棘轮发出声响后,即可读数。此时,若微分筒上的"0"刻线与固定套筒的基线重合,微分筒的左端面也恰好与固定套筒上"0"刻线的右边缘相切,如不相切,允许"离线"不大于0.1mm,"压线"不大于0.05mm,这时则认为"0"位准确。("离线"是指微分筒的左端面离开固定套筒的"0"刻线;"压线"是指微分筒的左端面压住固定套筒的"0"刻线。)

对于测量范围大于25mm的外径千分尺,应用校对量杆或量块校对"0"位,方法是:把量杆或量块放在外径千分尺的两个测量面间,测量它们的尺寸,若测量所得数值与校对量杆或量块的标定尺寸数值相同,则说明"0"位准确,同样也允许有不大于0.1mm的"离线"和不大于0.05mm的"压线"。若发现"0"位不准确,则需进行调整。

(2)棘轮

棘轮是千分尺的测量面与工件被测量面接触后控制恒定的测量力,以减少测量力变动引起测量误差的测力装置。测量时,用手转动棘轮,则会带动测微螺杆和微分筒一起转动,当测微螺杆的测量面与工件被测量面相接触,达到规定的测量力后,棘轮开始空转,并发出"咔、咔"响声,从而控制千分尺的测量力。

(3)偏摆仪

偏摆仪是工厂中常用的一种计量器具,一般用铸铁制成,带有可调整的前后顶尖座和高精度的纵向、横向导轨,并配有专用表架。利用千分尺、游标卡尺、百分表等量具、量仪,可对回转体零件进行各种尺寸、跳动量的检测,如图4.5所示。

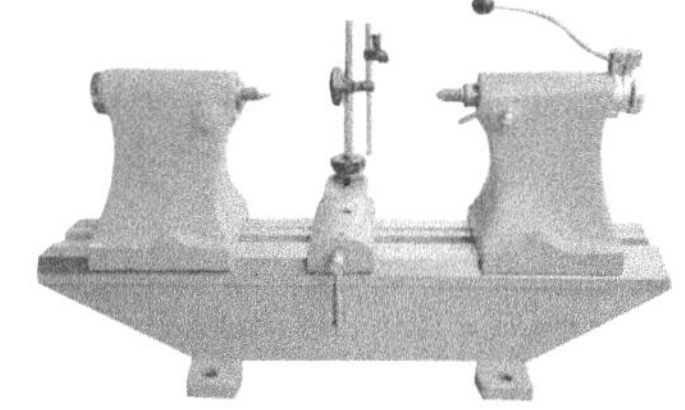

图4.5　偏摆仪

2. 实训二:长度测量

(1)实训目的

1)了解游标卡尺的结构、工作原理及读数方法。

2)掌握游标卡尺的正确使用方法。

3)能正确测量轴类零件的长度。

(2)量具与工件

1)普通游标卡尺,见图4.6。

2)被测工件,见图4.3。

(3)普通游标卡尺的结构、工作原理与读数方法

1)结构、原理:从图4.6中可以看出,游标卡尺的主体是一个刻有刻度的尺身,其上有固定量爪。沿着尺身可移动的部分称为尺框,尺框上有活动量爪,并装有带刻度的游标和紧固螺钉。有的游标卡尺为了调节方便还装有微调装置。在尺身上滑动尺框,可使两量爪的距离改变,以完成不同尺寸的测量工作。游标卡尺通常用

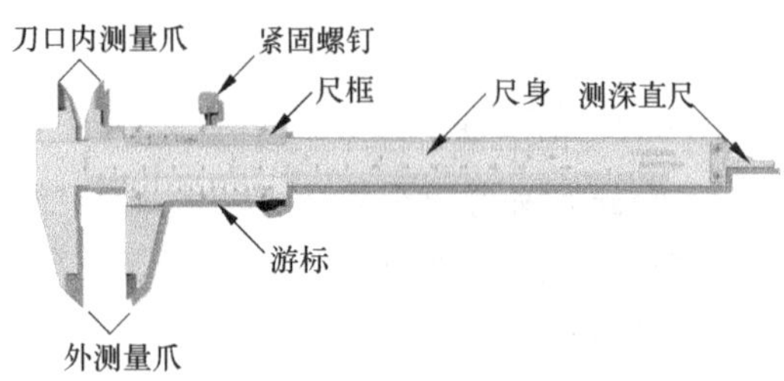

图 4.6　游标卡尺

来测量零件的长度、厚度、内外径、槽宽度及深度等。

游标卡尺的读数部分由尺身与游标组成。其原理是利用尺身刻线间距和游标刻线间距之差来进行小数读数。通常尺身刻线间距 a 为 1mm，尺身刻线 $(n-1)$ 格的长度等于游标刻线 n 格的长度。相应的游标刻线间距 $b=\frac{(n-1)\times a}{n}$，尺身刻线间距与游标刻线间距之差 $i=a-b$ 即为游标卡尺的分度值。游标卡尺的分度值有 0.10mm、0.05mm 和 0.02mm 三种。

2)读数方法和步骤是：

① 先读整数。读出主尺上在游标零线左侧第一条刻线的数值，该值为测量值的整数部分。

② 再读小数。判断游标上哪条刻线与主尺上的某一条刻线完全对齐，则该条游标刻线的序号乘以该游标量具的分度值即可得到小数部分的读数值。

③ 求取测量值。将上述整数值和小数值相加，即得被测量值。

(4)测量步骤

1)擦净量具的测量面与被测零件的表面。

2)校对和调整量具的“0”位。

3)按游标卡尺的正确测量方法，测量零件上的各个长度尺寸并记录好数据。

4)根据仪器的示值误差，修正测量结果。

(5)填写实训报告

(6)注意事项

1)在使用卡尺前，必须首先检查其外观和相关部件是否符合要求，卡尺两测量面间的间隙如超过规定要求，或两测量面不平行不得使用，应送交专业人员修理。

2)正式测量前，必须校对卡尺的“0”位是否准确。

3)在测量尺寸时只要测量条件允许，都不要只使用量爪的部分测量面进行测量，这样会加速量爪的磨损，而且还会产生较大测量误差。

4)测量外尺寸时，在两个量爪接触到测量面后，要轻轻摆动卡尺找到最小尺寸点，然后再读数。测量内尺寸时，在两个内测量爪接触到测量面后，要轻轻摆动卡尺找到最大尺寸点，然后再读数。

5)在测量调整准确后，应尽可能地在卡尺处于测量的状态下读数。对于在上述方法下较难读数时，应用卡尺上的紧固螺钉将游框固定后，轻轻退出卡尺，再读数。

6)为了减少读数误差,读数时眼睛要垂直于刻线面进行读数。

7)不准把卡尺当作卡板、扳手使用,或把量爪当作划针、划规等工具使用。

8)测量后,严禁将卡尺与其他工具混放在一起,以防造成损伤。

知识链接

(1)判断两测量面之间间隙的方法

擦净卡尺两外测量爪的测量面,然后将量爪两测量面合并在一起,对着光线观察,如果两测量面间无光线漏出,说明两测量面之间间隙符合要求,如果两测量面间漏出一条光,说明两测量面之间的间隙已经大于0.01mm,则不符合要求。不同分度值的卡尺两测量面之间间隙的允许值见表4.1。若漏光呈“八”字形,则说明两测量面不平行,如图4.7所示。

表4.1 游标卡尺两测量面之间间隙的允许值

游标分度值/mm	外测量爪两测量面合并间隙的允许值/mm
0.02	0.006
0.05	0.01
0.10	0.01

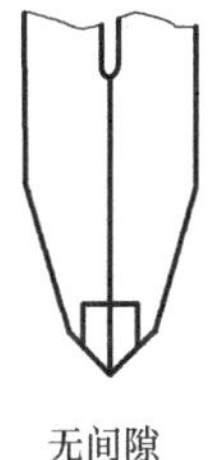

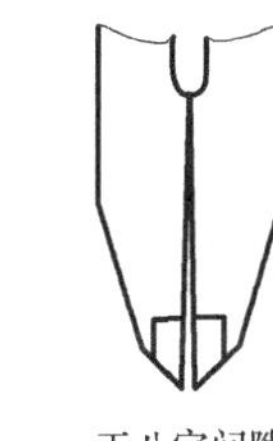

图4.7 判断两测量面之间间隙的方法

(2)游标卡尺校对“0”位的方法

擦净卡尺两外测量爪的测量面,然后推动游框,使外测量爪两测量面紧密接触后,观察游标尺的“0”刻线与主尺的“0”刻线是否对齐,游标尺的最末一根刻线与主尺的相应刻线是否也对齐。若上述两处都对齐,说明“0”位准确,否则说明“0”位不准确,则卡尺不能使用,如图4.8所示。

“0”位准确

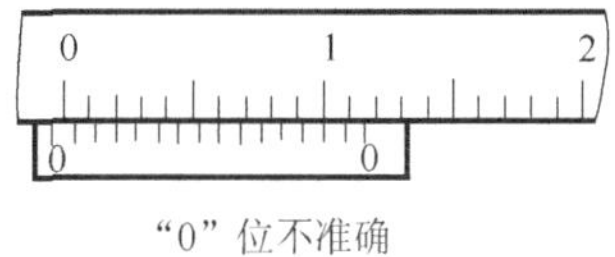

“0”位不准确

图4.8 游标卡尺校对“0”位

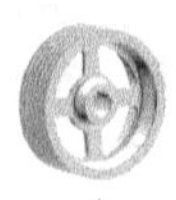

(3)其他类型游标卡尺(图 4.9)

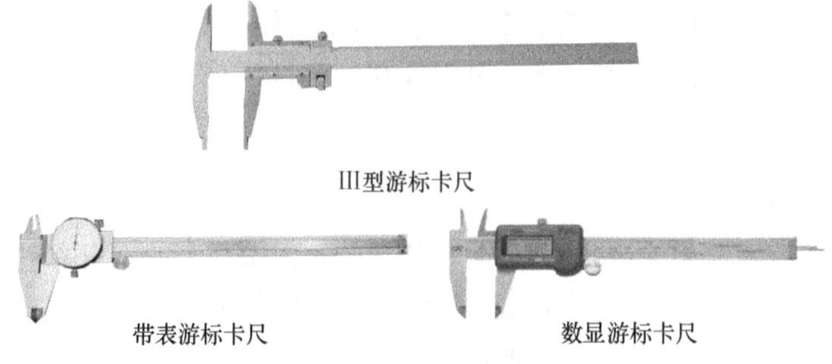

图 4.9 其他类型游标卡尺

4.2 套类零件的测量

4.2.1 套类零件

套类零件通常起支承和导向作用，主要用于支承旋转轴的各种形状的轴承套、夹具上的导向套、钻套、钻床主轴上的套筒、航空发动机螺旋桨轴上的隔离衬套、内燃机上的气缸套及液压系统中的油缸等。套类零件参数的精确与否将直接影响机器中支承和导向作用。图 4.10 所示为一套类零件。

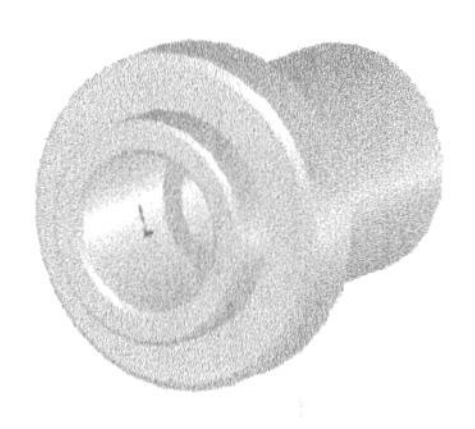

图 4.10 套类零件

1. 套类零件的主要技术要求

套类零件的主要技术要求有：内孔、外圆的形状精度，内孔、外圆的表面粗糙度，内外圆之间的同轴度，孔轴心线与端面的垂直度等。

2. 套类零件的测量内容

套类零件的测量内容有孔径、深度、圆度、外径、同轴度、表面粗糙度、端面及径向跳动、内螺纹等。

3. 套类零件的常用量具

套类零件的常用量具有百分表、内径百分表、数显百分表、内测千分尺、内径千分尺、三爪内径千分尺、内卡钳、塞规等。

4.2.2 套类零件的测量

1. 实训一：孔径测量

(1)实训目的

1)了解内径百分表的结构、工作原理。

2)掌握内径百分表的正确使用方法。

3)能正确测量套类零件的孔径尺寸。

(2)量具与工件

1)内径百分表,见图 4.11(a,b)。

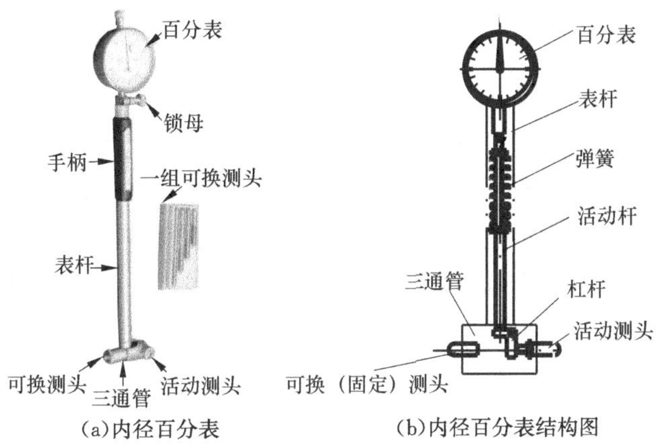

(a)内径百分表　(b)内径百分表结构图

图 4.11　内径百分表

2)被测工件,见图 4.12。

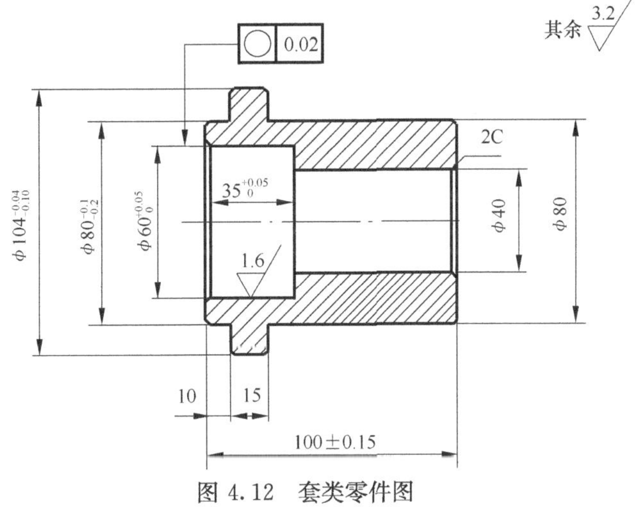

图 4.12　套类零件图

3)外径千分尺。

4)游标卡尺。

(3)内径百分表的结构、工作原理及使用方法

内径百分表又被称为内径表,主要用来测量光滑孔的内径尺寸或尺寸误差,特别是可用于测量内径千分尺不能测量的较深孔的内径尺寸或尺寸误差。

内径百分表由百分表和专用表架组成,其结构见图 4.11(b)。由表杆和三通管构成的测量架内,装有杠杆式传动装置。在三通管一端装有活动测头,另一端装有可换(固定)测头。活动测头通过杠杆与活动杆相连,活动杆另一端与百分表的测杆相

接触。当活动测头沿水平方向移动时，便推动杠杆产生回转运动，杠杆另一端又推动活动杆，带动百分表的测杆上下移动，由百分表指针指示出读数来。由于杠杆是等臂的，百分表的测杆、活动杆及活动测头三者的移动量是相同的，所以活动测头的移动量可以在百分表上读出来。可换测头与活动测头两侧面间的尺寸变化，便可由百分表直接测得。

内径百分表的使用方法是：使用前，首先根据被测尺寸选择可换测头，由于内径百分表活动测头的移动量很小，它的测量范围是通过更换或调整可换测头的长度来实现的，每只内径百分表均配有一组可换测头。选好可换测头后，将它安装到内径百分表上，然后用规定尺寸的校对量规或外径千分尺调整内径百分表的零位。测量内孔时，应使内径百分表的测量线位于被测孔的直径方向上，测量时将表杆在孔的轴向平面内来回轻微摆动，在摆动过程中读取百分表上最小读数，即为孔的测量值。

(4)测量步骤

1)根据工件图纸尺寸，选择内径百分表的测量范围。

2)把百分表插入内径量表表杆内1mm处，锁紧表杆，用手指压缩活动测头，观察百分表指针转动是否灵活稳定。

3)选择相应的可换测头，装入三通管的另一端，要求可换测头与活动测头在自然状态下大于被测孔径0.5mm以上，同时锁紧可换测头。

4)将千分尺设定到被测孔径尺寸，锁紧千分尺。

5)将内径百分表放到千分尺的设定尺寸中去，找到最高点，调零。

6)将调好零位的内径百分表，放入被测孔内，读出内径百分表的数值，即为该孔的孔径尺寸。

(5)填写实训报告

(6)注意事项

1)使用前，应将百分表测杆及内径百分表的各测头清洗干净，并检查测杆和测头活动的灵活性，不得有卡滞现象，且在每次放松后，指针、测头均应能回复到原位置。

2)安装可换测头时，应尽量使其在活动范围的中间位置，这时产生的误差最小。

3)读数时，应注意表头指针的位置，当大指针过零位时，说明该测量尺寸小于千分尺的设定尺寸，当大指针小于零位时，说明该测量尺寸大于千分尺的设定尺寸。

4)已调好尺寸的内径百分表在使用过程中，要轻拿轻放，并经常校对零位，以防尺寸变动，使测量结果失真。

5)测量时，不能用力过大或过快地按压活动测头，不能使表头受到冲击或振动，也不能触及表圈，以免影响测量结果。

6)装卸表头时，要松开夹头的紧固螺钉，不能硬性插、拔表头，以免损坏内径百分表。

知识链接

(1)内径百分表校对“0”位的方法

对内径百分表校对“0”位要使用校对量规。当没有校对量规时，通常用外径千分尺替代，校对方法与使用校对量规相同。校对时，用左手握住内径百分表的手柄，右手把活动测头压下，然后把它先放入环规内，轻微摆动手柄几次，找出百分表上指针的“拐点”(最高点)，转动百分表的刻度盘，使“0”刻线与指针的“拐点”处相重合，然后再次摆动几次手柄，检查“0”位是否已经对准。如果在摆动手柄时，指针每次均在“0”位线处拐回来，则说明“0”位已经对准。

(2)百分表的结构与读数方法

百分表体积小，结构紧凑，读数方便，用途广泛，其示值范围通常有：0～3mm，0～5mm，0～10mm 三种。它的外形与结构如图 4.13 所示。从图 4.13(b)中可知，当切有齿条的测量杆上下移动时，带动与齿条啮合的小齿轮转动，此时与小齿轮固定在同一轴上的大齿轮也随着转动，通过大齿轮即可带动中间齿轮及与中间齿轮同轴的大指针转动。这样通过齿轮传动系统可将测量杆的微小位移放大并转变成指针的转动，并在刻度盘上指出相应的示值。

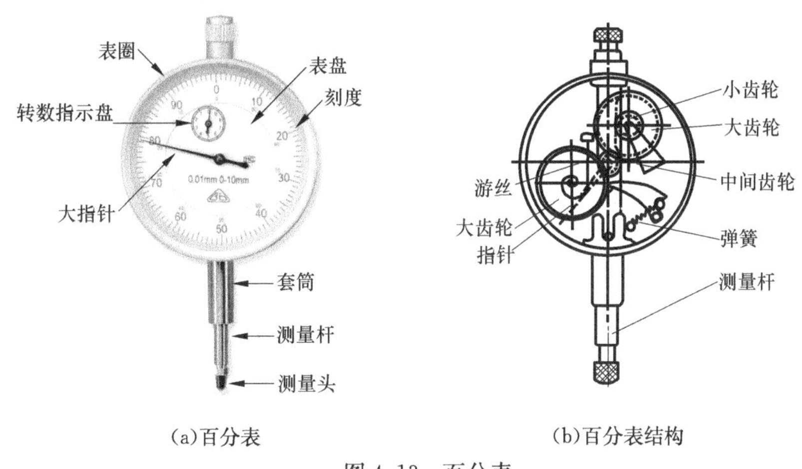

(a)百分表　　(b)百分表结构

图 4.13　百分表

百分表的测量杆移动 1mm，通过齿轮传动系统，使大指针回转一周。刻度盘沿圆周刻有 100 个刻度(格)，当大指针转过 1 格时，表示所测量的尺寸为(1/100)0.01mm，所以百分表的分度值为 0.01mm。大齿轮 7 的轴上装有小指针，以显示大指针所转过的圈数，当大指针回转一周(圈)时，小指针转过 1 格，为 1mm，即测量杆移动 1mm。

(3)用内径千分尺测量孔径

内径千分尺主要用于测量孔径、槽宽、两个内端面之间的距离等尺寸，见图 4.14(a)。由于其结构所限，而不能测量较小的尺寸，被测尺寸必须在 50mm 以上。由于它没有测力装置，在使用较长接长杆时会因变形而造成一定误差，再加上

在被测孔内不易找正测量位置，故难以获得精确的测量结果，一般用于测量公差等级在10级以下的内尺寸。测量方法：选择并连接接长杆，将千分尺的测头和工件的被测量面擦干净，旋动微分筒，将内径千分尺的测量范围调整到略小于被测尺寸，然后先将千分尺的固定测头压在一个被测面上，再将活动测头移入测量空间内，旋动微分筒，并同时朝前后和上下摆动活动测头，直至在轴向找到最小值，在径向找到最大值为止，此时所得数值即为被测值。内径千分尺的读数方法与外径千分尺完全相同。

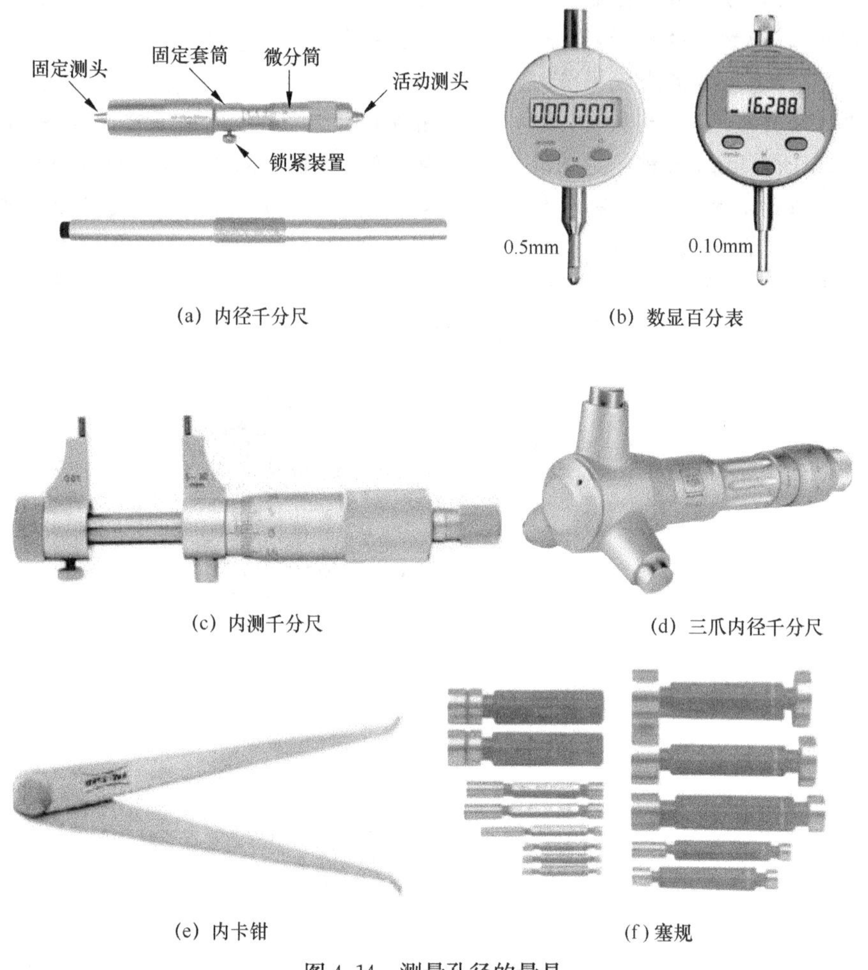

(a) 内径千分尺　(b) 数显百分表

(c) 内测千分尺　(d) 三爪内径千分尺

(e) 内卡钳　(f) 塞规

图4.14　测量孔径的量具

(4)测量孔径的其他量具

测量孔径的其他量具见图4.14(b～f)。

2. 实训二：深度测量

(1)实训目的

1)了解深度游标卡尺的结构、工作原理。

2)掌握深度游标卡尺的正确使用方法。

3)能正确测量套类零件的深度尺寸。

(2)量具与工件

1)深度游标卡尺,见图 4.15。

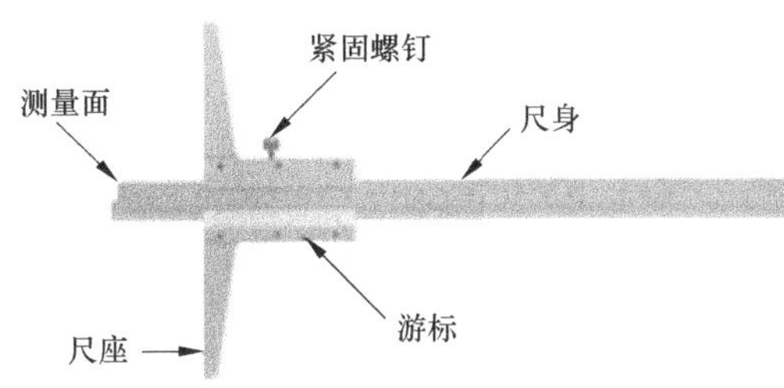

图 4.15　深度游标卡尺

2)被测工件,见图 4.12,套类零件图。

3) 0 级平板或平尺。

(3)深度游标卡尺的结构、工作原理及测量方法

深度游标卡尺又简称为深度尺,主要由尺身、尺座、游标、紧固螺钉等组成,如图 4.15所示。尺身沿尺座中间滑道上下滑动,通过改变尺身下端测量面与尺座底部测量面的相对位置,来测量各种深度尺寸。其读数原理和方法与普通游标卡尺完全相同。

深度游标卡尺的测量方法:擦净尺身与尺座的测量面,松开紧固螺钉,把尺座放在被测工件上,用左手压稳,右手向下轻推尺身,当感到尺身下端测量面与工件上被测面紧密接触后,旋紧紧固螺钉,然后取下读数。

(4)测量步骤

1)擦净深度游标卡尺尺身与尺座的测量面与被测工件的表面。

2)校对和调整量具的“0”位。

3)按深度游标卡尺的正确测量方法,测量零件上的各个深度尺寸并记录好数据。

4)根据仪器的示值误差,修正测量结果。

(5)填写实训报告

(6)注意事项

1)在测量时,应擦净深度尺尺身与尺座的测量面与被测工件的测量面,特别是被测工件测量面上的毛刺应清理干净。

2)测量时不准用力摇晃深度尺的主尺,主尺不能歪斜,否则会影响测量结果。

3)不能用深度尺测量粗糙表面。

4)当要测量的孔或槽的开口较大,大于卡尺的尺座时,要在孔或槽的开口上加一块辅助基准板,然后将卡尺的尺座的测量面放在辅助基准板上进行测量,卡尺显示的数值减去辅助基准板的厚度所得差值即为被测尺寸,如图 4.16 所示。

5)在测量调整准确后,应尽可能地在卡尺处于测量的状态下读数。对于在上述方法下较难读数时,应用卡尺上的紧固螺钉将游框固定后,轻轻退出卡尺,再读数。

深度游标卡尺的其他注意事项可参考普通游标卡尺的相关部分。

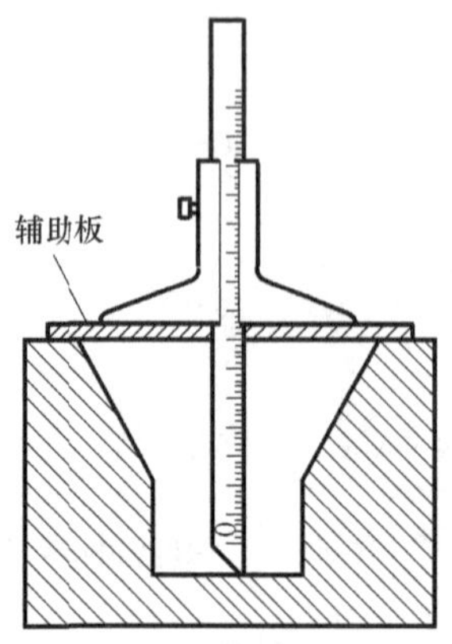

图 4.16　用深度尺加辅助基准板测量大口孔的方法

知识链接

(1)深度游标卡尺校对"0"位的方法

擦净 0 级平板(或平尺)和深度尺的尺身、尺座的测量面,然后把尺座的测量面放在平板上,左手压住尺座,右手向下推尺身,使其与平板接触,看游标的"0"位刻线与尺身的"0"位刻线是否重合,如重合,则说明该深度尺的"0"位准确。

(2)用深度千分尺测量深度

深度千分尺(图 4.17)的用途与深度游标卡尺相同,但其精度比深度游标卡尺高,适用于测量尺寸精度较高的不通孔、槽的深度和台阶的高度。它的工作原理和读数方法与外径千分尺是相同的,其测量方法是:擦净深度千分尺的测量面和工件的被测量面,检查并校对深度千分尺的"0"位,将深度千分尺旋至"0"刻线之外,然后将底座测量面放在孔口端面上,并用左手压住底座,用右手转动测力装置,当测量杆与被测量面接触后,棘轮开始空转并发出响声,此时深度千分尺上的读数即为被测量值。

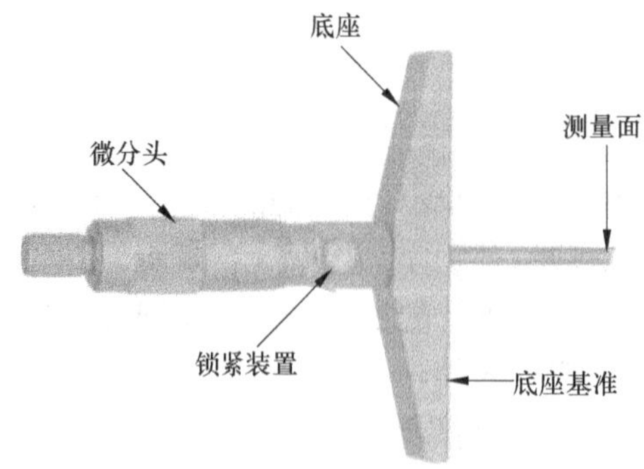

图 4.17　深度千分尺

4.3 角度类零件的测量

4.3.1 角度类零件

在零件的内外表面常有各种角度，在加工过程中，经常需要测量这些角度。测量角度的方法很多，并且和测量长度尺寸那样，也有绝对测量和相对测量之分，所用量具也各式各样。图 4.18 所示为两角度类零件。

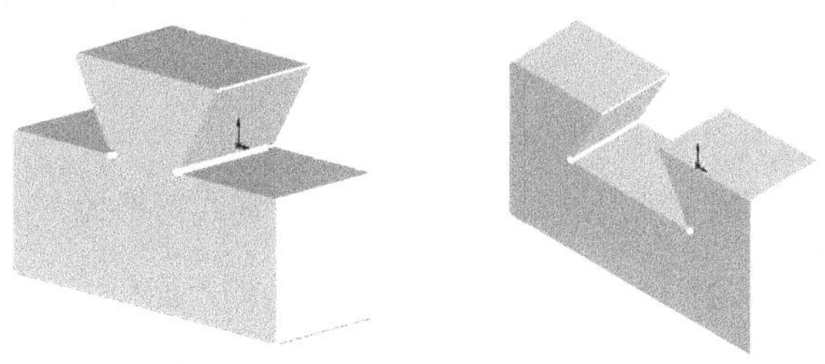

图 4.18 角度类零件

角度类零件的常用量具：

直角尺、万能角度尺、角度样板、正弦规、万能工具显微镜。

4.3.2 角度类零件的测量

实训：用万能角度尺测量角度

(1)实训目的

1)了解万能角度尺的结构、刻线原理、读数方法。

2)掌握万能角度尺的正确使用方法。

3)能正确测量零件上的各种角度尺寸。

(2)量具与工件

1)万能角度尺，见图 4.19(a、b)。

2)被测工件，见图 4.20。

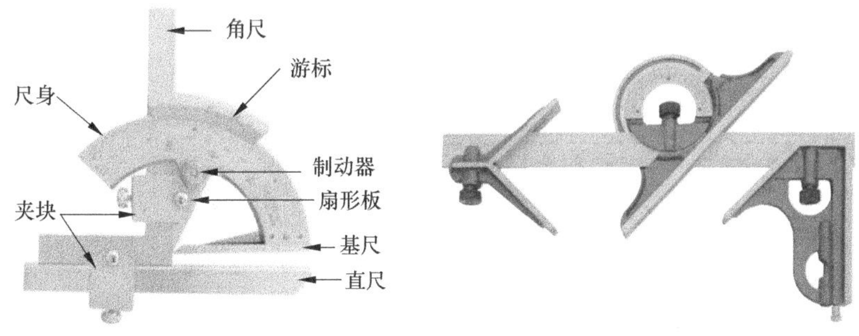

(a)Ⅰ型万能角度尺　　(b)Ⅱ型万能角度尺

图 4.19 万能角度尺(Ⅰ、Ⅱ型)

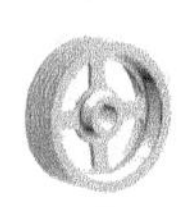

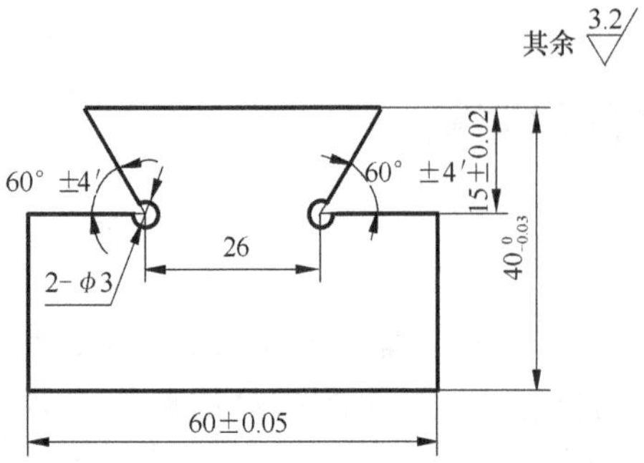

图 4.20 燕尾件

(3)万能角度尺的结构、刻线原理、读数方法及测量方法

万能角度尺又被称为角度规、游标角度尺和万能量角器，它是利用游标读数原理来直接测量零件角度或进行划线的一种角度量具。按其分度值可分为 2′和 5′两种，按其尺身形状的不同可分为Ⅰ型(扇形)和Ⅱ型(圆形)两种，见图 4.19。在此主要介绍Ⅰ型万能角度尺的结构、刻线原理、读数方法及测量方法。

1)Ⅰ型万能角度尺的结构见图 4.19。

2)Ⅰ型(分度值 2′)万能角度尺的刻线原理是：尺身刻线每格为 1°，游标刻线共 30 格为 29°，即每格为$\frac{29°}{30}$，与尺身 1 格相差 $1°-\frac{29°}{30}=\frac{1°}{30}=2'$，即万能角度尺的分度值为 2′。

3)万能角度尺的读数方法与普通游标卡尺相似，可分成如下三步：第一步从尺身上读出被测角度的整度数，看游标“0”线的左边，主尺上最靠近“0”线的一条刻线的数值，即为被测角度的整度数；第二步判断游标上分的数值，看游标上哪条刻线与尺身上的刻线对齐，则该刻线所对应的格数乘以角度尺的分度值，即为被测角度分的数值；第三步将上述两者相加，就是被测角度的数值。

4)Ⅰ型万能角度尺的测量范围及方法。

Ⅰ型万能角度尺可测量 0°～320°的任意角度，测量方法见图 4.21。

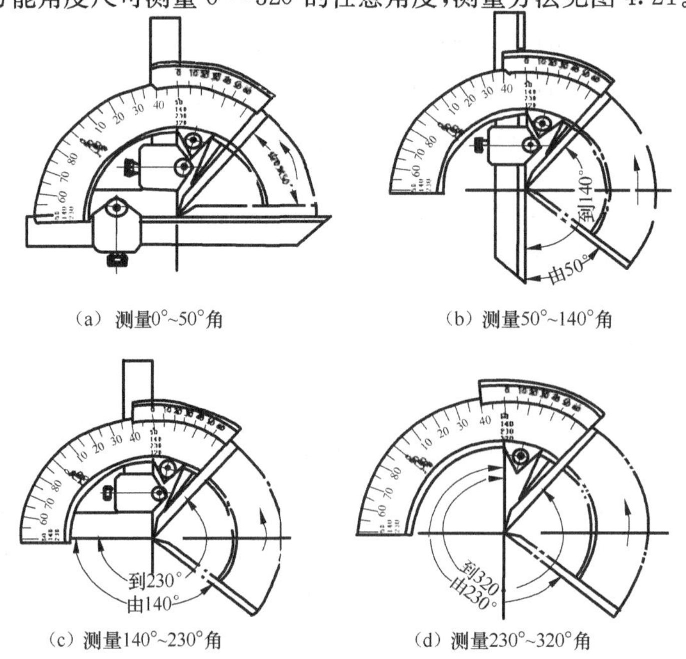

(a) 测量0°~50°角　(b) 测量50°~140°角

(c) 测量140°~230°角　(d) 测量230°~320°角

图 4.21 万能角度尺的测量方法

图 4.21(a)为测量 0°～50°角时的情况，将角尺和直尺按图中所示位置固定在扇形板所需的位置上，被测工件放在基尺和直尺的测量面之间，此时按尺身上的第一排刻度读数。

图 4.21(b)为测量 50°～140°角时的情况，此时应将角尺取下来，将直尺直接装在扇形板的夹块上，利用基尺和直尺的测量面进行测量，按尺身上的第二排刻度所示的数值读数。

图 4.21(c)为测量 140°～230°角时的情况，此时取下直尺和角尺上的夹块，将角尺按图中所示位置固定在扇形板所需的位置上，调整角尺的位置，使角尺的直角顶点与基尺的尖端对齐，利用角尺的短边和基尺的测量面对被测工件进行测量，按尺身上第三排刻度所示的数值读数。

图 4.21(d)为测量 230°～320°角时的情况，此时将角尺和直尺全部取下，直接用基尺和扇形板的测量面对被测工件进行测量，按尺身上第四排刻度所示的数值读数。

(4)测量步骤

1)擦净万能角度尺尺身与基尺的测量面与被测工件的表面。

2)校对和调整量具的“0”位。

3)按万能角度尺的正确测量方法，测量零件上的各个角度尺寸并记录好数据。

4)根据仪器的示值误差，修正测量结果。

(5)填写实训报告

(6)注意事项

1)在测量时，应擦净被测工件的测量面和万能角度尺尺身、基尺与扇形板的测量面，特别是被测工件测量面上的毛刺应清理干净。

2)使用前要校对“0”位，基尺和直尺贴合面应不漏光，尺身和游标的零线应对齐。

3)测量时，应使角度尺的两个测量面与被测工件表面在全长上保持密切贴合，以免引起测量误差。

4)固定直尺或角尺时，应用夹块上的螺丝把它们紧固住，否则会引起测量误差。

5)在测量调整准确后，应尽可能地在角度尺处于测量的状态下读数。对于在上述方法下较难读数时，应拧紧制动器上的螺帽，把角度尺取下来进行读数。

6)不能用万能角度尺测量粗糙表面。

4.3.3 用正弦规测量锥度的方法(第 7 章 7.2 节)

知识链接

(1)万能角度尺校对“0”位的方法

旋转微动装置，使基尺与直尺、角尺三者接触于一点，并使基尺与角尺的测量面相互紧贴且不透光，看游标的“0”刻线与主尺的“0”刻线是否重合，如两条“0”线重合，则说明“0”位正确，否则说明“0”位不正确，此时应进行调整。

调整“0”位的方法：把游标背面的两个螺丝松开，移动游标尺，使它的“0”刻线

与主尺的“0”刻线重合，它的尾线与主尺上相应的刻线也重合，然后紧固螺丝，再校对一次“0”位，若符合要求，则调整结束。

(2)测量角度类零件的其他常用量具(图 4.22)

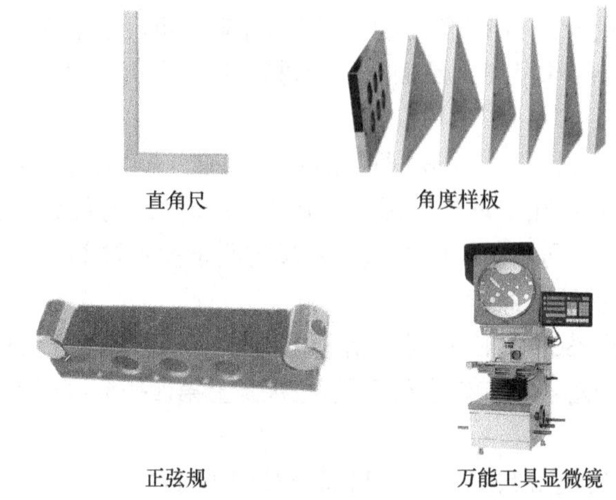

直角尺　　角度样板

正弦规　　万能工具显微镜

图 4.22　测量角度类零件的其他常用量具

习　题

1. 什么叫形状公差、位置公差？怎样区分？
2. 为何在测量前要校对和调整量具的“0”位？
3. 写出外径千分尺的使用方法和测量过程。
4. 使用外径千分尺时应注意哪些事项？
5. 用深度游标卡尺能否测量工件的形状公差？
6. 写出内径百分表的使用方法、测量过程及注意事项。
7. 角度测量中，通常采用哪些方法进行测量？试对这些方法加以说明。
8. 零件测量课题图。

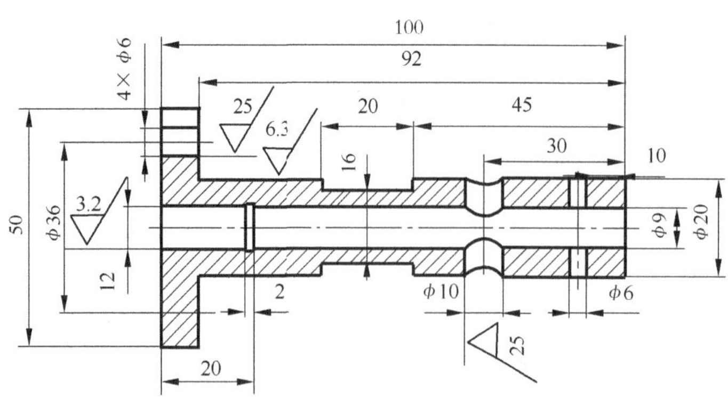

第5章

形位公差及其检测

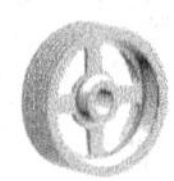

零件在机械加工过程中都会产生形状误差和位置误差(简称形位误差)。为了保证零件的互换性,国家标准规定了形状和位置公差(简称形位公差)来限制形位误差。因此形状和位置公差是一项重要的质量指标,它与尺寸公差、表面粗糙度一起,直接影响零件的使用性能和互换性。

5.1 基本概念

5.1.1 几何要素

几何要素(简称要素)是指构成零件几何特征的点、线、面,如图5.1所示零件的球面、圆柱面、圆锥面、端面、素线、轴线和球心等。几何要素是形位公差研究的对象。

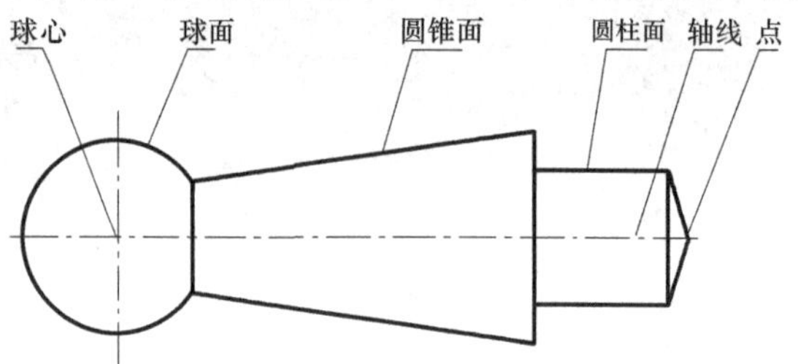

图5.1 零件的几何要素

几何要素从不同的角度可分类为以下几种。

1. 轮廓要素和中心要素

(1)轮廓要素

轮廓要素指构成零件内外表面的点、线、面等要素,是看得见、摸得到的要素。

(2)中心要素

中心要素指轮廓要素对称中心所表示的点、线、面,是看不见、摸不到的假想要素。

2. 理想要素和实际要素

(1)理想要素

理想要素指具有几何意义的要素。它们不存在任何误差。机械图样上标注的要素均为理想要素。

(2)实际要素

实际要素指零件上实际存在的要素。通常用测量得到的要素来代替。

3. 基准要素和被测要素

(1)基准要素

基准要素指用来确定被测要素方向或位置的要素。

(2)被测要素

被测要素指在机械图样上给出形位公差要求的要素,是检测的对象。

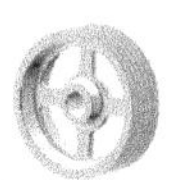

4. 单一要素和关联要素

(1)单一要素

单一要素指仅对被测要素给出形状公差要求的要素。它是独立的,与基准要素无关。

(2)关联要素

关联要素指对被测要素给出有位置公差要求的要素。它和基准要素有关,与基准有位置关系。

5.1.2 形位公差的项目及符号

国家标准 GB/T 1182—1996《形状和位置公差 通则、定义、符号和图样表示方法》规定:形位公差项目共分为 14 种,其中形状公差 4 项,形状位置公差 2 项,位置公差 8 项。其名称、符号以及分类见表 5.1。

表 5.1 形位公差项目及其符号

分类	项目	符号	分类		项目	符号
形状公差	直线度	—	位置公差	定向	平行度	//
	平面度	▱			垂直度	⊥
					倾斜度	∠
	圆度	○		定位	同轴度	◎
	圆柱度	⌭			对称度	⌯
					位置度	⌖
形状位置公差	线轮廓度	⌒		跳动	圆跳动	↗
	面轮廓度	⌓			全跳动	⌰

5.1.3 形位公差的标注

国家标准规定,在图样上形位公差一般采用代号标注,其代号由指引线、框格、公差项目、公差数值、基准代号、基准符号及其他有关符号组成,如图 5.2 所示。

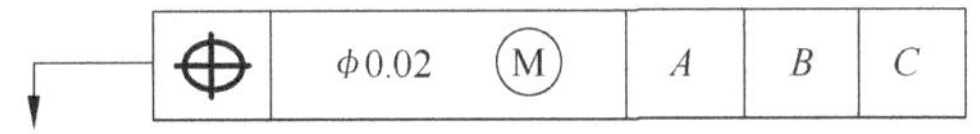

图 5.2 公差框格的形式

1. 公差框格的形式及标注示例

公差框格用细实线绘制,分成两格或多格,它可以水平绘制,也可以垂直绘制。框格内从左到右填写。第一格:形位公差项目符号;第二格:形位公差数值及有关符号;第三格至第五格:基准字母和有关符号。

带箭头的指引线用细实线绘制,指引线可从框格任意一端引出,指引线可以曲

折，但最多曲折两次。箭头应垂直指向被测要素。当被测要素为轮廓要素时，指引箭头应垂直指向轮廓线或其延长线，并与尺寸线明显错开；当被测要素为中心要素时，指引箭头应与该要素的尺寸线对齐。

2. 基准代号形式及标注示例

基准代号由基准字母、圆圈连线和粗短线组成，如图 5.3 所示。

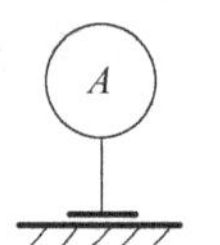

图 5.3　基准符号

基准字母用大写英文字母表示（注意：其中不用 E、F、I、J、L、M、O、P、R 等字母），无论基准代号在图样上的方向如何，圆圈中的字母应水平书写。当基准要素为轮廓要素时，基准代号应靠近该要素的轮廓线或其延长线，并与尺寸线明显错开；当基准要素为中心要素时，基准代号应与该要素的尺寸线对齐。

3. 形位公差数值的标注

形位公差数值（以 mm 为单位）填写在公差框格中，当公差带形状为圆形或圆柱形时公差数值前须加 ϕ，当公差带形状为球形时公差数值前须加 $S\phi$。

4. 对形位公差有附加要求的标注

当在公差带内要求进一步限制被测要素的形状，则应在公差值后面加注符号，如表 5.2 所示。也可以在框格的上下方用文字标注，作为被测要素数量或解释性的附加说明，如图 5.4 所示。

表 5.2　形位公差其他符号

含　义	符　号	示　例	含　义	符　号	示　例
若有误差，只许中间向材料内凹下	(−)	— | 0.01 (−)	若有误差，只许材料从左至右减少	(▷)	⌭ | 0.01 (▷)
若有误差，只许中间向材料外凸起	(+)	＋ | 0.01 (+)	若有误差，只许材料从右至左减小	(◁)	⌭ | 0.01 (◁)

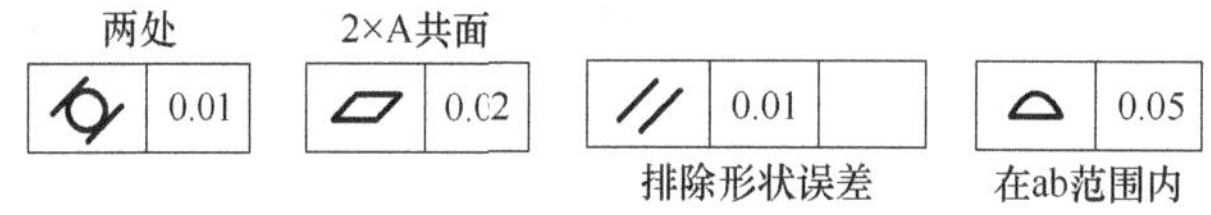

图 5.4　形位公差有附加要求的标注

5. 图样上形位公差代号的标注方法

图样上使用的形位公差代号，如图 5.5(a、b)所示。

1）当被测要素为线或表面时，指示箭头应指向轮廓或其引出线上，并应与尺寸线明显错开。

2）当被测要素为轴线、球心或中心平面时，指示箭头应与其尺寸线对齐。

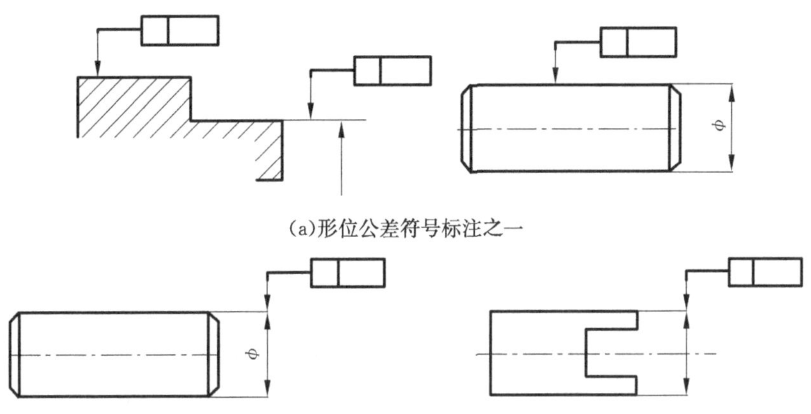

(a)形位公差符号标注之一

(b)形位公差符号标注之二

图 5.5　图样上形位公差代号的标注方法

5.1.4　形位公差带的形状

形位公差带是限制被测要素变动的区域。它是一个几何图形，只要被测要素完全位于给定的公差带内，则表示该要素的形状和位置符合要求。

形位公差带具有形状、大小、方向和位置四大要素。

1. 公差带的形状

由被测要素的理想形状和给定的公差特征所决定。公差带的形状主要有 9 种，如图 5.6 所示。

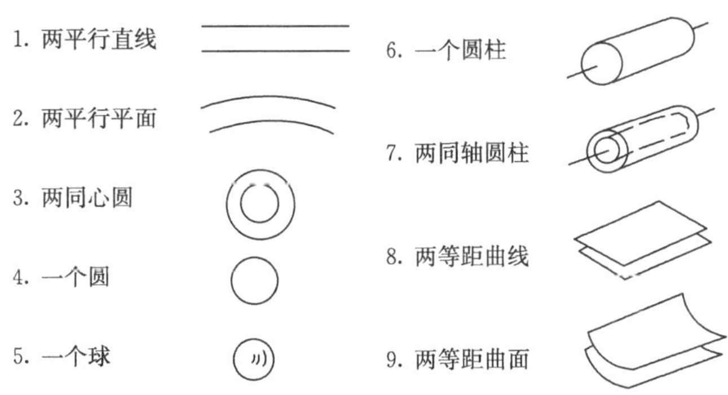

图 5.6　公差带的形状

2. 公差带的大小

公差带的大小是指公差带之间的间距，即宽度或直径，由公差值 t 或 ϕt 确定。

3. 公差带的方向

公差带的方向是指与公差带延伸方向相垂直的方向。通常为指引线箭头所指的方向。

4. 公差带的位置

公差带的位置是指公差带相对基准在位置上的要求，有浮动和固定两种。

5.2 形状和位置公差

5.2.1 形状公差

形状公差由直线度、平面度、圆度、圆柱度等四个项目组成，是用来限制被测几何要素如直线、平面、圆、圆柱的误差。因此形状公差是指单一实际要素的形状所允许的变动全量。它的公差带没有方向和位置的要求，与基准无关。

形状公差的公差带有两个要素：公差带的形状和大小。

形状公差带的定义、标注示例和说明如表 5.3 所示。

表 5.3 形状公差带的定义、标注示例和说明

特征	公差带定义	标注和解释
直线度	在给定平面内，公差带是距离为公差值 t 的两平行直线之间的区域	被测表面的素线必须位于平行于图样所示投影而且距离为公差值 0.1mm 的两平行直线内
	在给定方向上，公差带是距离为公差值 t 的两平行平面之间的区域	被测圆柱面的任一素线必须位于距离为公差值 0.1mm 的两平行平面之内
	如在公差值前加注 ϕ，则公差带是直径为 t 的圆柱面内的区域	被测圆柱体的轴线必须位于直径为 ϕ0.08mm 的圆柱面内
平面度	公差带是距离为公差值 t 的两平行平面之间的区域	被测表面必须位于距离为公差值 0.06mm 的两平行平面内

续表

特征	公差带定义	标注和解释
圆度	公差带是在同一正截面上,半径差为公差值 t 的两同心圆之间的区域	被测圆柱面任一正截面的圆周必须位于半径差为公差值 0.02mm 的两同心圆之间 0.02
		被测圆锥面任一正截面上的圆周必须位于半径差为 0.01mm 的两同心圆之间 0.01
圆柱度	公差带是半径差为公差值 t 的两同轴圆柱面之间的区域	被测圆柱面必须位于半径差为公差值 0.05mm 的两同轴圆柱面之间 0.05

5.2.2 轮廓度公差

轮廓度公差由线轮廓度、面轮廓度两个项目组成,是用来限制被测几何要素如曲线、曲面的误差。轮廓度公差具有以下两个特点。

1)轮廓度无基准要求时为形状公差,公差带有两个要素:公差带的形状和大小,公差带的形状由理论正确尺寸决定。

2)轮廓度有基准要求时为位置公差,公差带有四个要素:公差带形状、大小、方向和位置,公差带的位置由理论正确尺寸和基准决定。

轮廓公差带定义、标注示例和说明如表 5.4 所示。

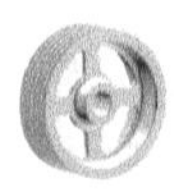

表 5.4 轮廓度公差带的定义、标注示例和说明

特　征	公差带定义	标注和解释
线轮廓度	公差带是包括一系列直径为公差值 t 的圆的两包络线之间的区域。诸圆的圆心位于具有理论正确几何形状的线上 	在平行于图样所示投影面的任一截面上，被测轮廓线必须位于包络一系列直径为公差值 0.04mm，且圆心位于具有理论正确几何形状的线上的两包络线 (a)无基准要求 (b)有基准要求
面轮廓度	公差带是包络一系列直径为公差值 t 的球的两包络面之间的区域，诸球的球心位于具有理论正确几何形状的面上 	被测轮廓面必须位于包络一系列球的两包络面之间，诸球的直径为公差值 0.02mm，且球心位于具有理论正确几何形状的面上 (此图为无基准要求的情况，也有有基准要求的情况)

5.2.3 位置公差

位置公差由平行度、垂直度、倾斜度、同轴度、对称度、位置度、圆跳动和全跳动等八个项目组成，是用来限制被测实际几何要素相对于基准要素的方向和位置误差。因此位置公差是指被测实际要素对基准在方向、位置上所允许的变动全量。

位置公差的公差带有四个要素：公差带的形状、大小、方向和位置。

位置公差按照所要求的几何关系可分为定向、定位、和跳动公差三大类。

1. 定向公差

定向公差包括平行度、垂直度、倾斜度三项公差，其公差带具有三个要素：公差带的形状、大小和方向。

定向公差带定义、标注示例和说明如表5.5所示。

表5.5 定向公差带的定义、标注示例和说明

特征		公差带定义	标注和解释
平行度	面对面	公差带是距离为公差值 t，且平行于基准面的两平行平面之间的区域	被测表面必须位于距离为公差值0.05mm，且平行于基准表面 A(基准平面)的两平行平面之间
	线对面	公差带是距离为公差值 t，且平行于基准平面的两平行平面之间的区域	被测轴线必须位于距离为公差值0.03mm，且平行于基准表面 A(基准平面)的两平行平面之间
	面对线	公差带是距离为公差值 t，且平行于基准轴线的两平行平面之间的区域	被测表面必须位于距离为公差值0.05mm，且平行于基准线 A(基准轴线)的两平行平面之间
	线对线	公差带是距离为公差值 t，且平行于基准线，并位于给定方向上的两平行平面之间的区域	被测轴线必须位于距离为公差值0.1mm，且在给定方向上平行于基准轴线的两平行平面之间

续表

特征		公差带定义	标注和解释
平行度	线对线	如在公差值前加注 ϕ，公差值是直径为公差值 t，且平行于基准线的圆柱面内的区域 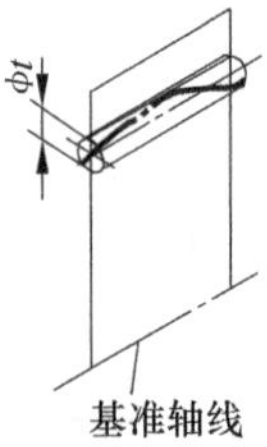	被测轴线必须位于直径为公差值 0.1mm，且平行于基准轴线的圆柱面内 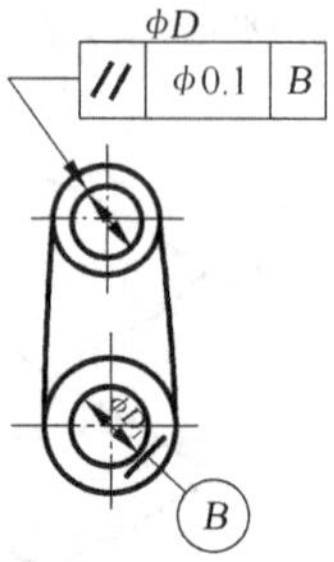
垂直度	面对面	公差带是距离为公差值 t，且垂直于基准平面的两平行平面之间的区域 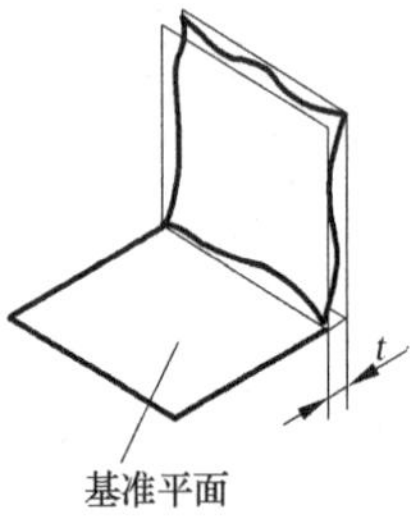	被测面必须位于距离为公差值 0.05mm，且垂直于基准平面 C 的两平行平面之间 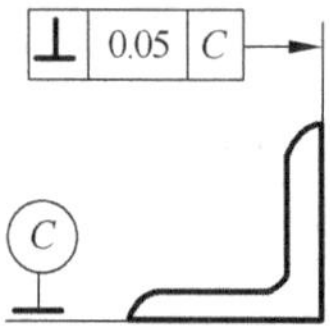
倾斜度	面对线	公差带是距离为公差值 t，且与基准线成一给定角度 α 的两平行平面之间的区域 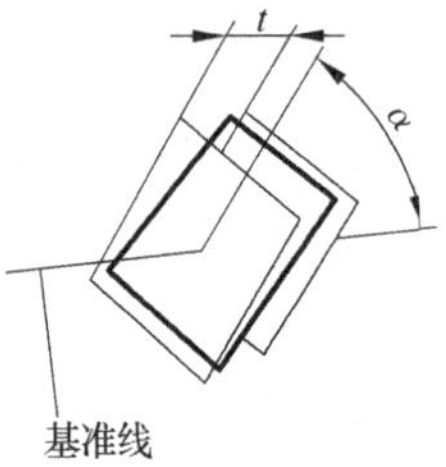	被测表面必须位于距离为公差值 0.1mm，且与基准线 D(基准轴线)成理论正确角度 75°的两平行平面之间 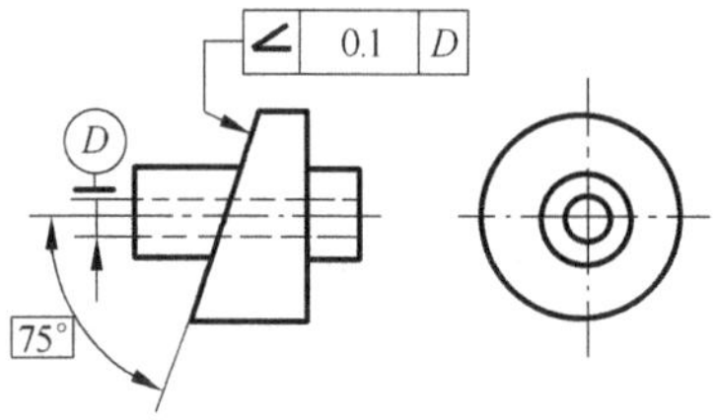

2. 定位公差

定位公差包括同轴度、对称度、位置度三项公差，其公差带具有四个要素：形状、大小、方向和位置。

定位公差带定义、标注示例和说明如表 5.6 所示。

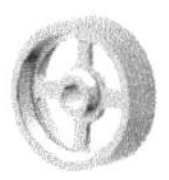

表 5.6 定位公差带的定义、标注示例和说明

特征		公差带定义	标注和解释
同轴度	轴线的同轴度	公差带是直径为公差值 ϕt 的圆柱面的区域，该圆柱面的轴线与基准轴线同轴 	大圆的轴线必须位于直径为公差值 ϕ0.1mm，且与公共基准线 A—B(公共基准轴线)同轴的圆柱面内
对称度	中心平面的对称度	公差带是距离为公差值 t，且相对基准的中心平面对称配置的两平行平面之间的区域 	被测中心平面必须位于距离为公差值 0.08mm，且相对基准中心平面 A 对称配置的两平行平面之间
位置度	点的位置度	如公差值前加注 $S\phi$，公差带是直径为公差值 t 的球内的区域，球公差带的中心点的位置由相对于基准 A 和 B 的理论正确尺寸确定 	被测球的球心必须位于直径为公差值 0.08mm 的球内，该球的球心位于相对基准 A 和 B 所确定的理想位置上
	线的位置度	如在公差值前加注 ϕ，则公差带是直径为 t 的圆柱面内的区域，公差带的轴线的位置由相对于三基面体系的理论正确尺寸确定 	每个被测轴线必须位于直径为公差值 0.1mm，且以相对于 A、B、C 基准表面(基准平面)所确定的理想位置为轴线的圆柱内 每个被测轴线必须位于直径为公差值 0.1mm，且以理想位置为轴线的圆柱内

3. 跳动公差

跳动公差包括圆跳动和全跳动两项公差。跳动公差是指被测实际要素绕基准轴线作无轴向移动时，回转一周或连续回转时所允许的最大跳动。

圆跳动和全跳动公差有以下区分：

圆跳动公差是指被测实际要素在某个测量截面内相对于其理想要素的变动量。圆跳动又分为径向圆跳动、端面圆跳动和斜向圆跳动三种情况。

全跳动公差是指被测实际要素的整个表面对于其理想要素的变动量。全跳动分为径向全跳动、端面全跳动两种情况。

跳动公差带定义、标注示例和说明如表 5.7 所示。

表 5.7 跳动公差带的定义、标注示例和说明

特征		公差带定义	标注和解释
全跳动	端面全跳动	公差带是距离为公差值 t，且与基准垂直的两平行平面之间的区域	被测要素绕基准轴线 A 作若干次旋转，并在测量仪器与工件间作径向移动，此时，在被测要素上各点间的示值差不得不于 0.05mm，测量仪器或工件必须沿着轮廓具有理想正确形状的线和相对于基准轴线 A 的正确方向移动
圆跳动	径向圆跳动	公差带是在垂直于基准轴线的任一测量平面内半径差为公差值 t，且圆心在基准轴线上的两个同心圆之间的区域	当被测要素围绕基准线 A（基准轴线）作无轴向移动旋转一周时，在任一测量平面内的径向圆跳动量均不大于 0.05mm
	端面圆跳动	公差带是在与基准同轴的任一半径位置的测量圆柱面上距离为 t 的圆柱面区域	被测面绕基准线 A（基准轴线）作无轴向移动旋转一周时，在任一测量圆柱面内的轴向跳动量均不得大于 0.06mm

续表

特征		公差带定义	标注和解释
圆跳动	斜向圆跳动	公差带是在与基准轴线同轴的任一测量圆锥面上距离为 t 的两圆之间的区域。除另有规定，其测量方向应与被测量面垂直 基准轴线 t 测量圆锥面	被测面绕基准线 A(基准轴线)作无轴向移动旋转一周时，在任一测量圆锥面上的跳动量均不得大于 0.05mm 0.05 A ϕ A
全跳动	径向全跳动	公差带是半径差为公差值 t，且与基准同轴的两圆柱面之间的区域 基准轴线 t	被测要素围绕基准线 $A—B$ 作若干次旋转，并在测量仪器与工件间同时作轴向移动，此时在被测要素上各点间的示值差均不得大于 0.2mm，测量仪器或工件必须沿着基准轴线方向并相对于公共基准轴线 $A—B$ 移动 0.2 $A-B$ ϕd_1 ϕd ϕd_2 A B

5.3 形状和位置误差的评定

5.3.1 形状误差的评定

1. 形状误差

形状误差是指被测实际要素的形状对其理想要素的变动全量。当形状误差的数值小于规定的公差数值时为合格。

2. 形状误差的评定原则

国家标准规定，在评定形状误差时必须遵守“最小条件”原则：被测实际要素对其理想要素的变动全量为最小。即用公差带形状包容被测实际要素时，包容的区域为最小区域。“最小条件”原则是评定形位误差的基本原则，如图 5.7 所示。

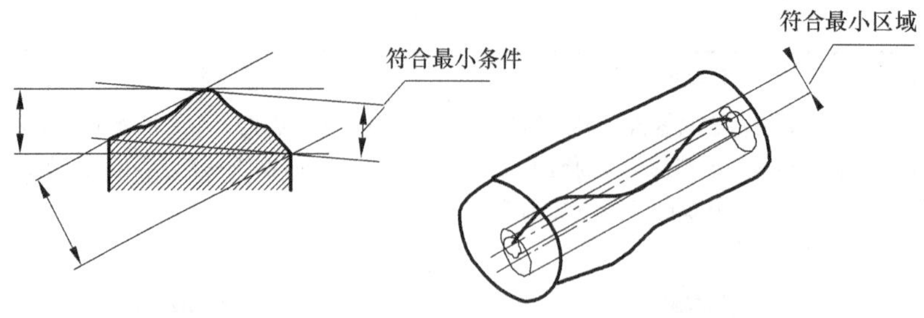

(a)轮廓要素的最小条件　　(b)中心要素的最小条件

图 5.7　最小条件示例

5.3.2　位置误差的评定

1. 位置误差

位置误差是指关联实际要素对其理想要素的变动量，理想要素的方向、位置由基准确定。

2. 位置误差的评定原则

(1)基准

基准应符合“最小条件”原则，因为基准实际要素本身也存在形状误差，所以理想基准建立时，其方向与位置应按最小条件来确定，如图 5.8 所示。在检测中，可用平台、平板、心轴、顶尖等来模拟基准。

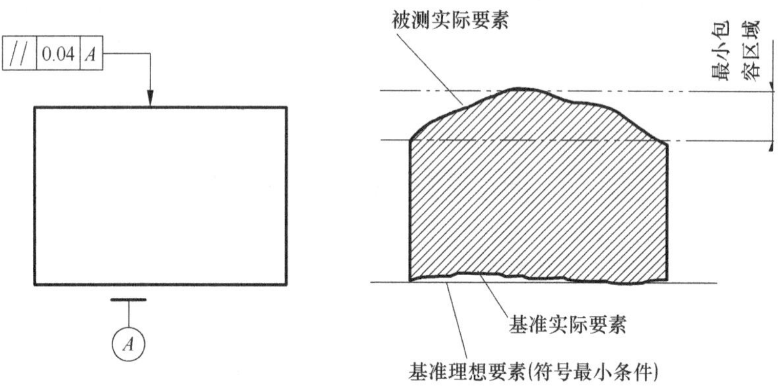

图 5.8　按最小条件建立基准

(2)定向误差的评定

定向误差的评定是指被测实际要素对其确定方向的理想要素的变动量，理想要素的方向由基准确定。被测实际要素对其理想要素(基准)应保持平行、垂直、倾斜。如有误差，其最小包容区域的宽度 f 和直径 ϕf 应为最小，如图 5.9 所示。

(3)定位误差的评定

定位误差的评定是指被测实际要素对其理想要素位置的变动量，理想要素的

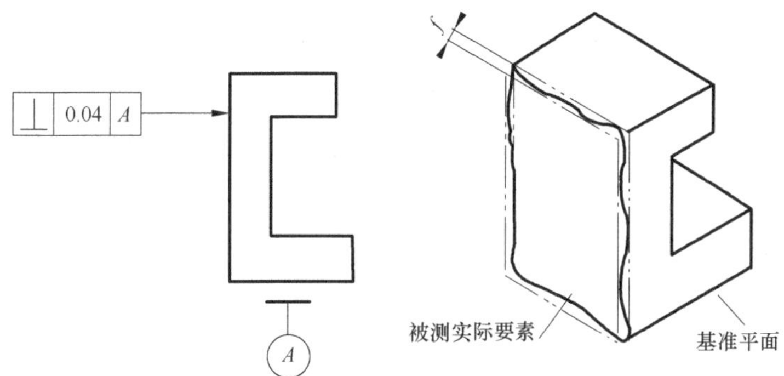

图 5.9　定向误差最小包容区示例

位置由基准确定。被测实际要素对其理想要素(基准)应保持同轴、对称和位置的要求。如有误差,其最小包容区域的宽度 f 和直径 ϕf 应为最小,如图 5.10 所示。

(4)跳动误差的评定

跳动误差是以检测方法规定的公差项目。被测实际要素是回转表面、端面或曲面,基准要素是轴线。跳动误差的评定是按照它们的检测方法,由指示表的最大与最小之差值来反映的。

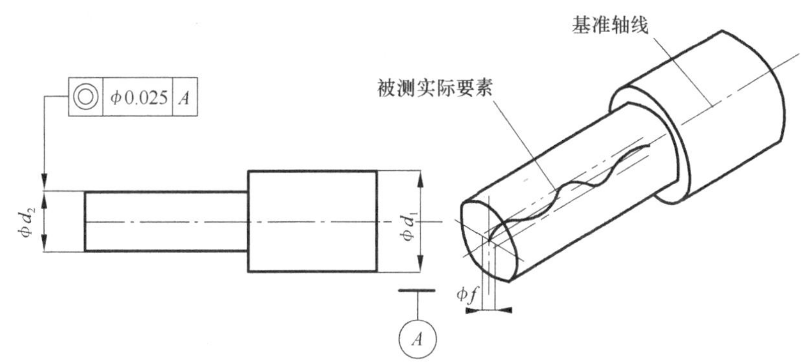

图 5.10　定位误差最小包容区示例

5.4　公 差 原 则

同一被测要素上,既有尺寸公差又有形位公差时,确定尺寸公差和形位公差之间相互关系的原则称为公差原则。公差原则分为独立原则和相关要求两大类。

5.4.1　独立原则

独立原则是指图样上给定的形状公差与尺寸公差无关,彼此独立,并分别满足要求的公差原则。采用独立原则标注时,不需要附加表示任何关系的符号。如图 5.11所示,图中销轴的实际尺寸必须在 ϕ19.97～20.00mm 之间,而轴线的直线度误差不得大于 ϕ 0.05mm。一般图样上给出的尺寸公差和形位公差大多要求遵

守独立原则故该原则是基本原则。

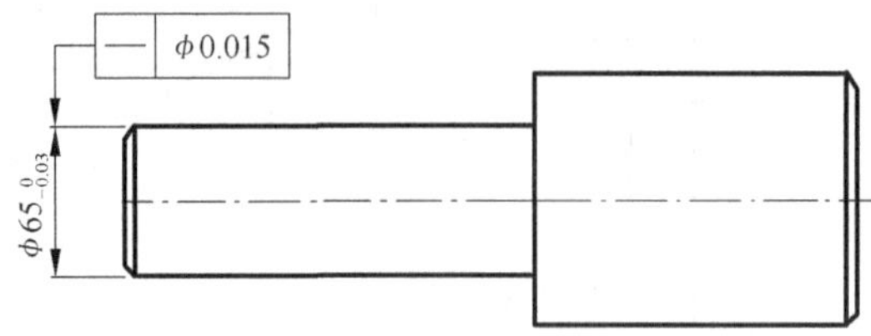

图 5.11　独立原则标注示例

5.4.2　相关要求

相关要求是指图样上给定的形位公差与尺寸公差相互有关系的公差原则。相关要求分为包容要求和最大实体要求等。

1. 包容要求

包容要求主要适合单一要素，大多用于必须保证配合性质的场合，是要求被测实际要素处处位于具有理想形状包容面内的一种公差要求。按照该要求，如果实际要素达到最大实体状态，就不得有任何形状误差；只有实际要素偏离最大实体状态时，才允许存在与偏离量相关的形状误差。在图样上标注时，尺寸公差后应加注符号Ⓔ，如图 5.12 所示。要素遵守包容要求时，应用光滑极限量规检验。

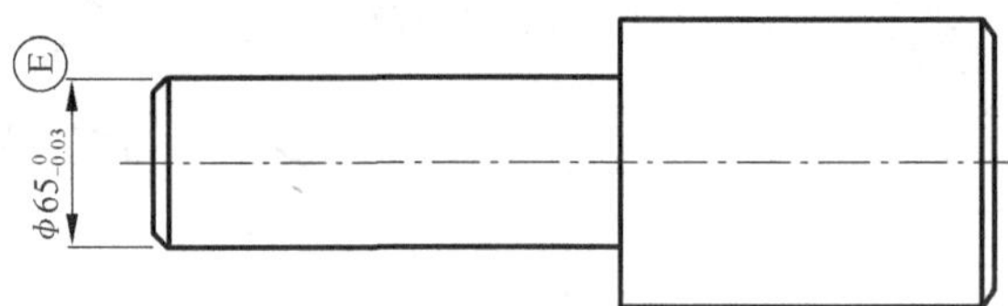

图 5.12　有包容要求的标注示例

2. 最大实体要求

最大实体要求可以用于被测要素，也可以用于基准要素，常用于对零件配合性质要求不严，但能顺利装配的场合。它要求被测实际要素处处不得超越实效边界的一种公差原则。当实际要素偏离最大实体状态时，才允许增大形位公差。这样可以充分利用图样上给出的公差，最大限度的提高零件的合格率，提高经济效益。图样上标注时在形位公差数值后应加注符号Ⓜ，如图 5.13 所示。要素遵守最大实体要求时，应用综合量规检验。

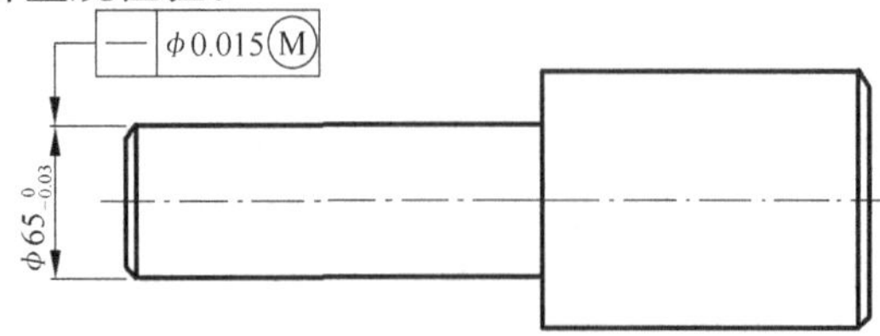

图 5.13　有最大实体要求的标注示例

5.5 常用形状和位置误差的测量

5.5.1 形状误差的测量方法

1. 直线度误差的常用测量方法

(1)间隙法

1)光隙法。将被测直线与模拟基准(刀口尺、平尺等)之间形成的光隙与标准光隙相比较,直接评定直线度误差。此方法适用于磨削、研磨等精度较高的直线度测量。

2)塞隙法。用塞尺或量块测量被测直线与模拟基准(刀口尺、平尺等)之间形成的间隙,直接评定直线度误差。此方法适用于精度较低的直线度测量,如图 5.14所示。

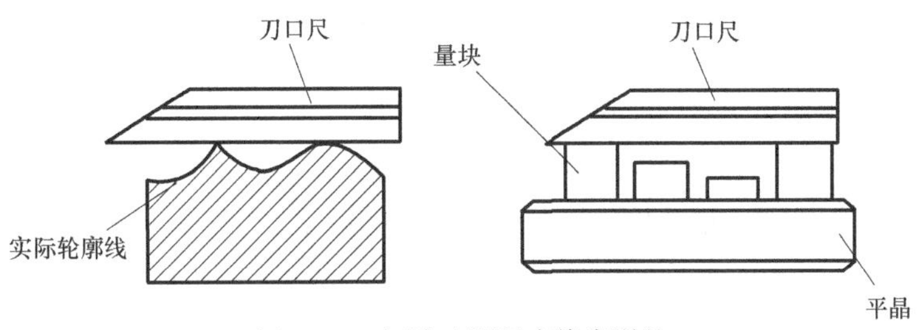

图 5.14 间隙法测量直线度误差

(2)打表法

用带指示器的测量装置测出被测直线相对测量基准的偏移量,进而评定直线度误差。此方法适用于中、低精度的中小平面,圆柱或圆锥面素线,以及轴线的直线度测量,如图 5.15 所示。

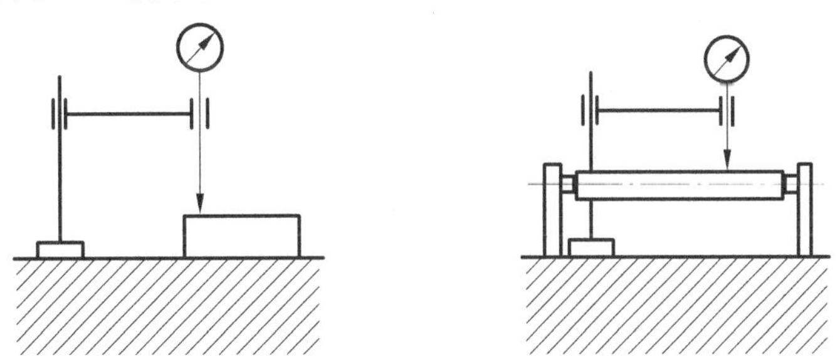

图 5.15 打表法测量直线度误差

(3)节距法

可用水平仪(或自准直仪)测量。将固有水平仪(或自准直仪)的桥板放置在被测直线上,按节距逐段连续测量,测出被测直线上各相邻两点连线相对于水平面的倾斜角。再通过数据处理,用计算法或作图法,求得直线度误差值,如图 5.16 所示。

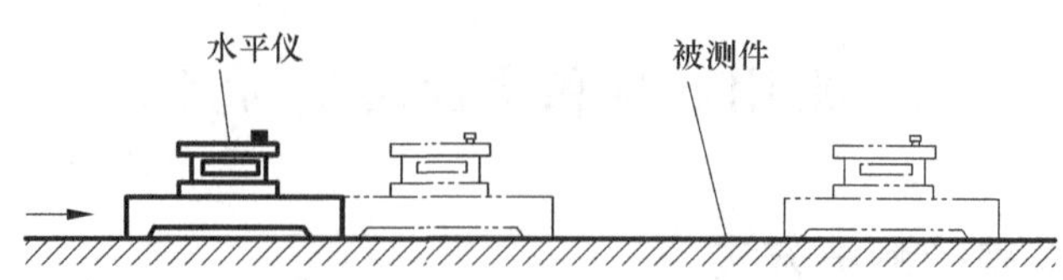

图 5.16　节距法测量直线度误差

这种方法适用于大、中型零件的直线度测量。

2. 平面度误差的常用测量方法

(1)直接测量法

1)间隙法。测量不同方向的若干个截面上的直线度误差,取其中最大值作为平面度误差的近似值。此方法适用于较小平面的测量。

2)打表法。将被测工件和指示表放置在平板上,在平板上移动表座,在被测面上按一定的布点形式测量若干点的示值,其中最大与最小的示值之差为平面度误差。此方法适用于中、小型平面的测量。

3)干涉法。利用光波干涉原理,根据平晶或干涉仪产生干涉条纹的形状、条数来确定平面度误差值。此方法适用于精研平面的测量。

(2)间接测量法

利用水平仪、自准直仪,用节距法测量被测平面上多个截面的直线度误差,通过数据处理和换算,求得平面度误差值。此方法适用于大、中型平面的测量。

3. 圆度误差的常用测量方法

圆度误差常用圆度仪测量。被测工件固定在工作台上,测量时主轴转动,测量头围绕工件作圆周旋转,测量头测出工件表面的圆度误差。并将误差放大后自动记录下来,可用同心圆模板按最小条件评定出圆度误差。

4. 圆柱度误差的常用测量方法

圆柱度误差可在圆柱度测量仪或圆度仪上进行测量,也可以在三坐标测量机上测量,但通常用径向全跳动误差测量法替代圆柱度误差测量。

5.5.2　线轮廓、面轮廓误差测量方法

1. 样板检验法

样板是量规的一种形式,样板具有被测要素的理想形状,检测时根据样板和被测轮廓要素的间隙(或光隙)来评定轮廓度误差值。

2. 投影比较法

将被测件放置于投影仪上,根据仪器放大倍数画出被测轮廓的公差带放大图,观察被测轮廓是否在公差带内,以此来评定轮廓度误差值。

5.5.3 位置误差的测量方法

1. 平行度误差的常用测量方法

(1)打表法

将被测工件和指示表放置于平板上，指示表沿平板作多个方向的直线位移并进行测量，其最大最小读数之差值即为该工件的平行度误差，如图 5.17 所示。打表法测量简便易行、并具有一定的测量精度，因此应用广泛。

(2)水平仪法

水平仪可测量面对面、线对线的平行度误差。先将被测件的基准平面调水平，用水平仪测量被测平面的水平程度，确定其平行度误差。

(3)自准直仪法

将定位基准面对好自准直仪零位，然后被测零件放置在基准面上，此时由工件表面反射回来的十字线相对于零位的偏离值，即为零件的平行度误差。

(4)干涉法

将平行平晶放置于两被测面之间，根据其干涉带的条数，通过计算得到两表面的平行度误差。

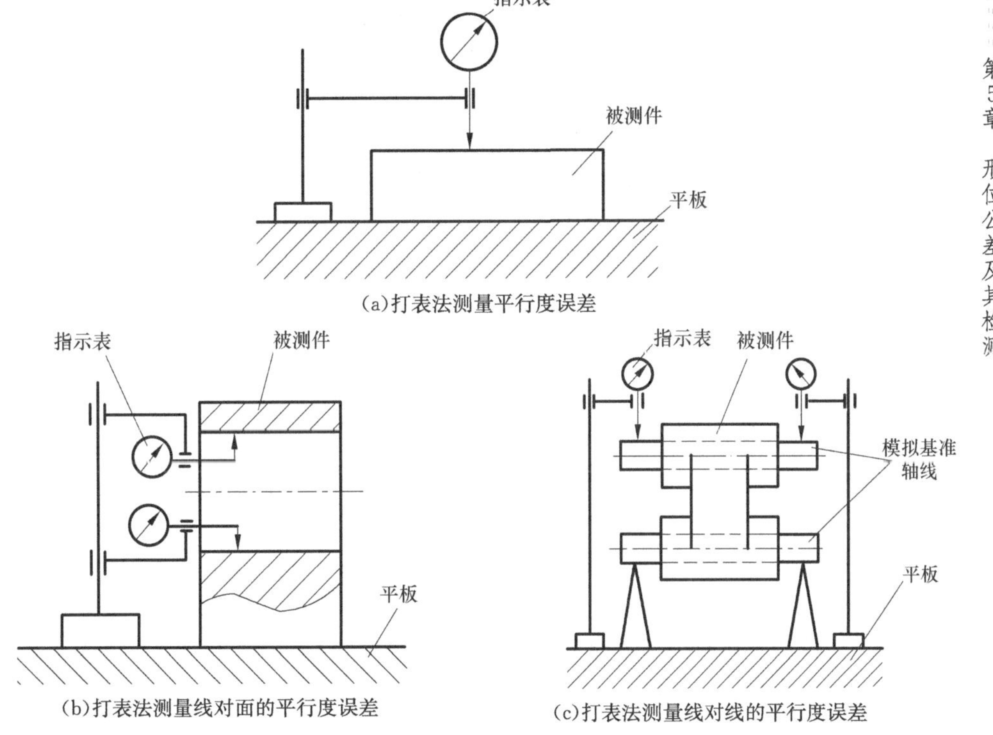

图 5.17 打表法测量平行度误差

2. 垂直度误差的常用测量方法

(1)间隙法

将平板、角尺与被测要素接触形成间隙,如图 5.18 所示。将最大间隙量与标准光隙作比较或用塞尺进行测量即为垂直度误差。

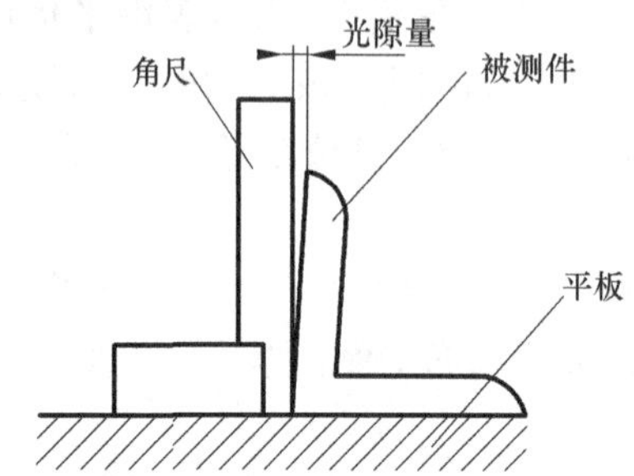

图 5.18 间隙法测量垂直度误差

(2)打表法

测量轴线对面、轴线对轴线的垂直度误差,如图 5.19 所示。

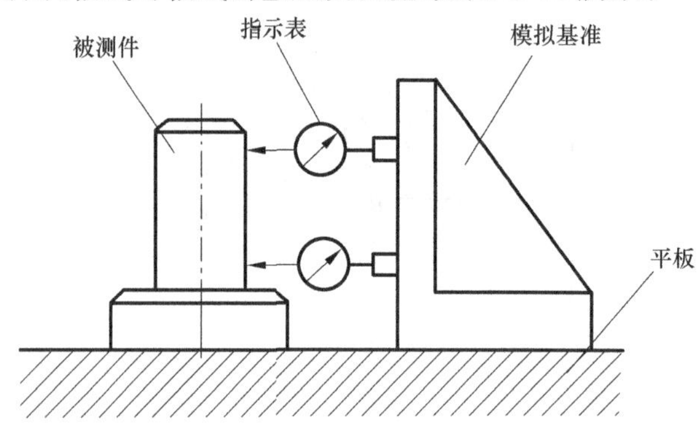

图 5.19 打表法测量轴线对面的垂直度误差

(3)水平仪法

测量面对面、轴线对轴线的垂直度误差,如图 5.20 所示。被测轴线和基准轴线可用心轴(或顶尖)模拟体现。

(4)量规法

在批量生产中,垂直度误差常用垂直度位置量规进行检测。

垂直度误差更多时是在平板上用直角尺、圆柱角尺、方箱测量。为了测量方便,也常用直角标准器具,将垂直度误差的测量转换平行度误差的测量。

3. 倾斜度误差的常用测量方法

正弦规法:

测量面对面倾斜度误差如图 5.21 所示。将正弦规和量块组放置在平板上,用指示表测量被测表面,指示表的最大最小示值之差即为零件的倾斜度误差。

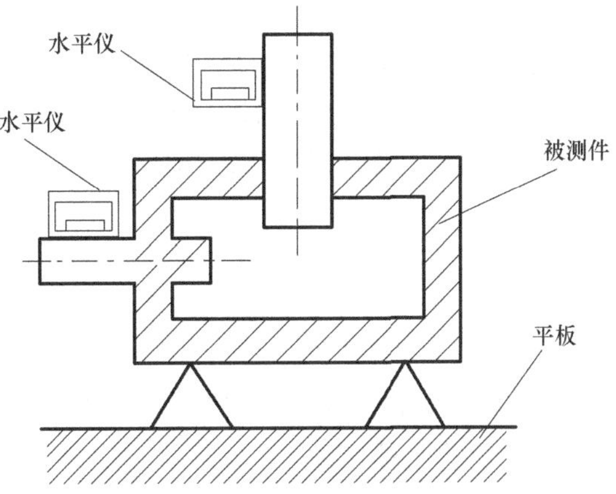

图 5.20　水平仪法测量线对线的垂直度误差

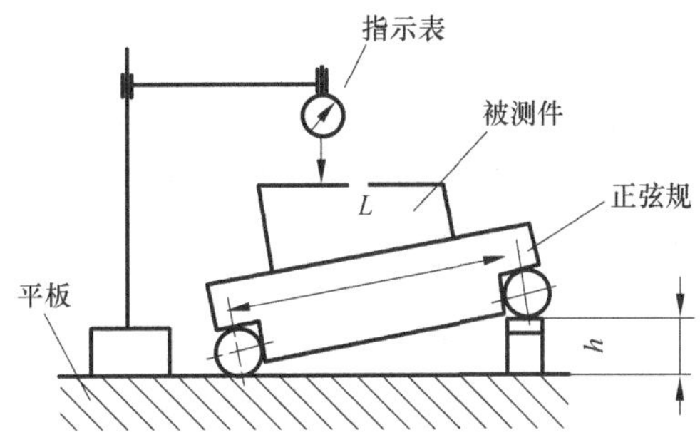

图 5.21　正弦规法测量面对面的倾斜度误差

4. 同轴度误差的常用测量方法

(1)心轴打表法

孔的同轴度误差通常用心轴的轴线模拟基准轴线和被测轴线。用打表法测量同轴度误差。孔的同轴度误差测量如图 5.22 所示。

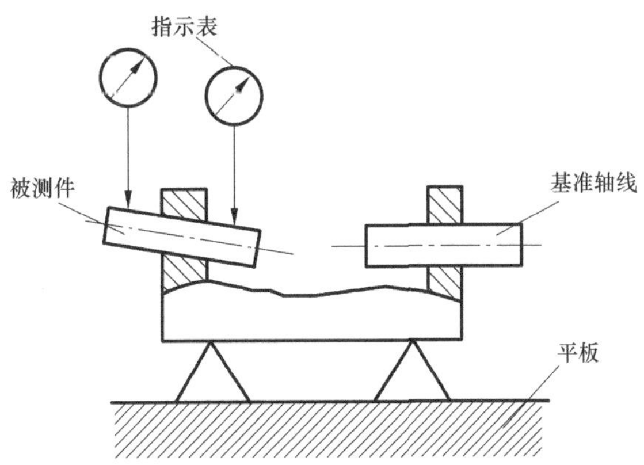

图 5.22　打表法测量孔的同轴度误差

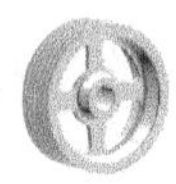

(2)圆度仪法

将被测工件放置在仪器的工作台上，调整被测件使基准轴线与仪器主轴的轴线同轴，在被测件的基准要素和被测要素上测量若干截面，圆度仪可以将被测工件实际轮廓的误差放大后自动记录。按记录图形求出同轴度误差。

(3)综合量规法

综合量规的直径分别为基准孔的最大实体和被测孔的实效尺寸，综合量规通过则同轴度合格。

(4)径向圆跳动替代法

在生产现场，常用径向圆(或全)跳动测量替代同轴度测量。只要径向圆(或全)跳动量不大于图样上给定的同轴度误差，则可认为同轴度合格。因为径向圆(或全)跳动是同轴度和圆度(或圆柱度)的综合结果。

5. 对称度误差的常用测量方法

(1)翻转打表法

如图 5.23 所示，被测轴置于 V 形槽(模拟基准)中，打表测量定位块(模拟被测中心面)上表面的读数 a，再将被测轴翻转 180°置于 V 形槽，测得定位块上表面的读数 b，则被测零件的面对面的对称度误差为

$$f = \frac{a-b}{2}$$

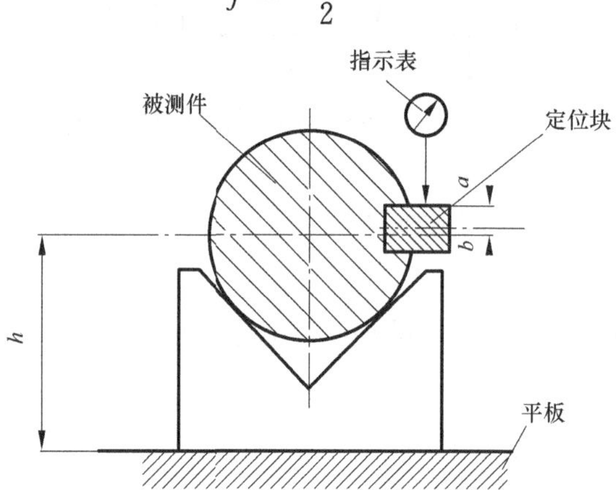

图 5.23　翻转打表法测量(键槽)面对面的对称度误差

(2)差值法

如图 5.24 所示，只要用指示表测得尺寸 AT 和 b，则被测零件的面对面的对称度误差为

$$f = |a-b|$$

6. 位置度误差的常用测量方法

位置度误差一般可在坐标类仪器上测量。通过测量出一系列的直角坐标值，

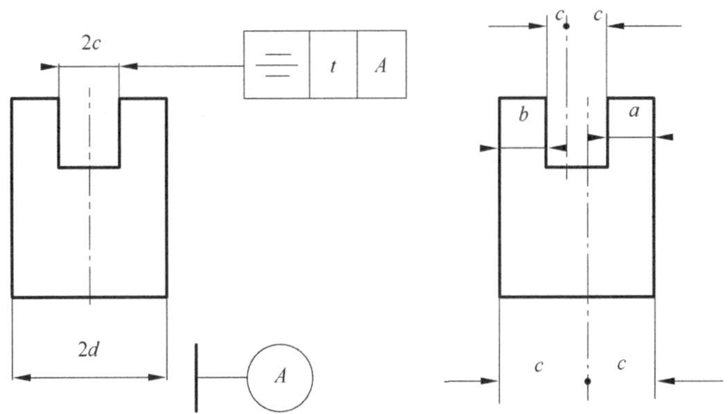

图 5.24　差值法测量面对面的对称度误差

计算出孔对孔，或孔的中心线对基准面距离的误差。对于小型板件，也可在工具显微镜上用影像法测量。

在批量生产中，常用成套的组合量规检测、检查多孔组的尺寸，以确保位置度合格。

7. 径向圆跳动误差的常用测量方法

(1)径向圆跳动误差的测量

被测件放置于 V 型块(或顶尖座)上，并在轴向定位。被测件回转一周，指示表在截面上测得的最大最小读数之差值，为该截面的径向圆跳动量；按同样方法测量被测件的多个截面，取其中最大值即为该零件的径向圆跳动误差，如图 5.25 所示。

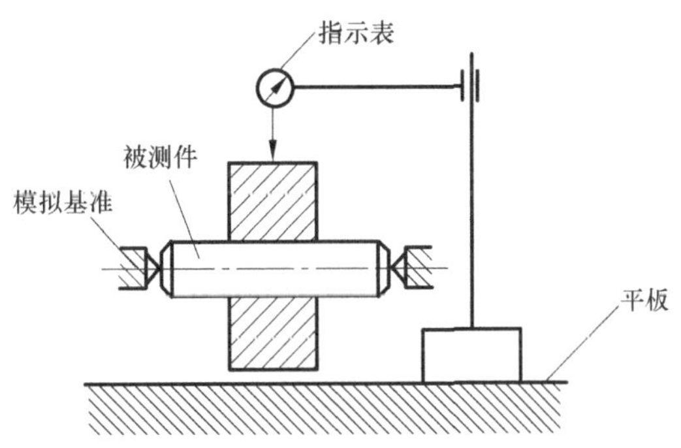

图 5.25　径向圆跳动误差测量

(2)端面跳动误差的测量

被测件放置于 V 型块(或顶尖座)上，并在轴向定位。被测件回转一周，指示表在端面上测得的最大最小读数之差为该端面跳动量；按同样方法测量多个端面半径，取其中最大值即为该零件的端面跳动误差，如图 5.26 所示。

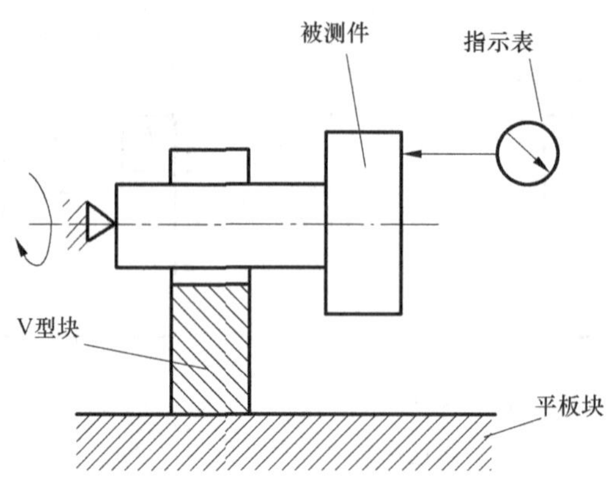

图 5.26 端面圆跳动误差测量

8. 径向全跳动误差的常用测量方法

被测件放置于 V 型块(或顶尖座)上，并在轴向定位。被测件回转一周的同时，指示表沿轴向作直线移动，在整个全长测量过程中指示表上所测得的最大最小读数之差值，即为径向全跳动量误差，如图 5.27 所示。测量径向全跳动误差，应有平行于基准轴线的精密导轨做测量附加装置，以保证指示表严格沿平行于基准线的方向移动。

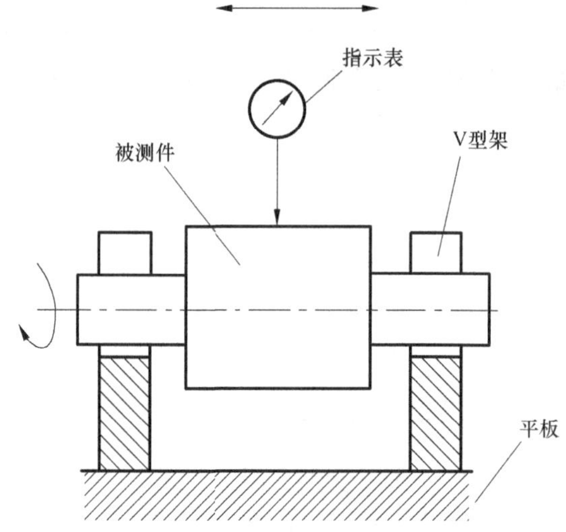

图 5.27 径向全跳动误差测量

5.5.4 实训

1. 实训：用水平仪测量直线度误差

(1)实训目的

1)了解水平仪的结构、原理，如图 5.28 所示。

2)熟悉水平仪的使用方法。

3)掌握作图法求解直线度误差值的方法。

(2)量具与工件

水平仪、平板、导轨、桥板。

图 5.28 水平仪、自准仪

(3)水平仪的结构、原理

水平仪是一种较精密的测角仪器,用自然水平面为测量基准。它的主要工作部分是水准器,当水准器处于水平时,水准器内的气泡处于玻璃管刻度的中间。若水准器倾斜一个角度 α,则气泡就要偏离正中位置一定的格数,移过的格数与倾斜角度 α 成正比,因此可以从气泡偏离中间位置的格数来测量其倾斜度。

若水平仪的分度值为 0.02mm/m。表示气泡移动一格,在 1m 长度内,两端高度相差 0.02mm(或倾斜角 α 为 4″)。

(4)测量步骤

1)测量时,将水平仪放置在被测导轨的两端,把导轨调整到基本水平,再将被测导轨等距离分段。

2)根据两相邻测点间的距离选择适当跨距的桥板,将水平仪放置在桥板上,把桥板放在导轨的一端,如图 5.29 所示,记下水平仪的第一个示值 Δ_1,按各分段的位置依次移动桥板进行测量,同时记录各测点的示值 Δ_i(格数)。注意每次桥板移动时,前后位置必须首尾相接。另外每个测点都应测两次,并将两次记录的平均值作为各个测量间距的测量数据,设测量的数据如表 5.8 所示,即可据此作误差曲线图,如图 5.30 所示。

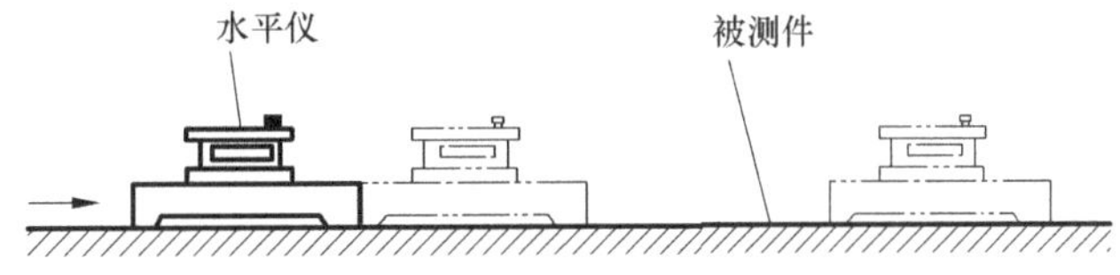

图 5.29 水平仪测量直线度误差

表 5.8 水平仪测量导轨直线度误差数据

测量点序号	0	1	2	3	4	5
水平仪读数/格	0	+1	+2	+1	+1	+2

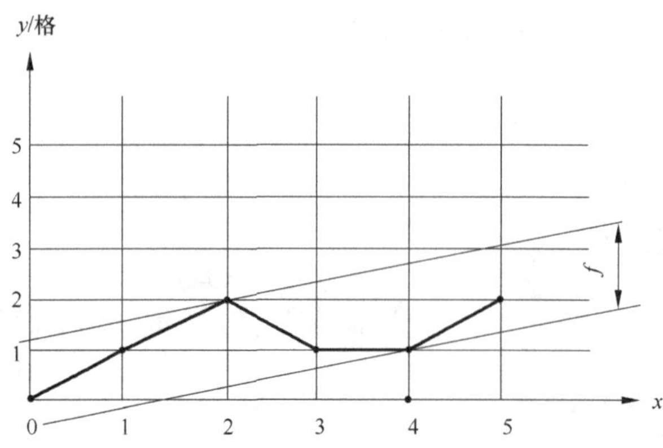

图 5.30　图解法求直线度误差

3)直线度误差值评定。

按最小条件评定,即以两端点连线作为评定基准。

4)数据处理。

据图 5.28,用最小包容区域法量得直线度误差 $f=1.8$ 格,再将格值换成线值:

$$\text{直线度误差}=\left(\frac{1}{1000}\right)f\cdot L\cdot \Delta(\text{mm})$$

式中,L——跨距(桥板两支点距离);

Δ——水平仪分度值。

若水平仪分度值 Δ 为 0.02mm/m,跨距 L 为 300mm,则

$$\text{直线度误差}=\frac{1}{1000}\times 1.8\times 0.02\times 300=0.0108(\text{mm})$$

(5)填写实训报告

2. 实训:用打表法测量孔或轴的同轴度误差

(1)实训目的

熟悉用打表法测量孔或轴的同轴度误差的方法和步骤。

(2)量具与工件

指示表、平板、V 型块(或顶尖)、可调支承、心轴、孔工件、轴工件

(3)打表法测量孔的同轴度误差

1)将被测件放在平板上,两孔分别插入心轴,此两心轴应分别理解为基准轴线和被测轴线。

2)测量前用可调支承调整工件,使基准心轴的轴线与平板平行。

3)将指示表与被测心轴的上素线接触,注意使指示表的测杆垂直于平板。

4)指示表开始测量被测心轴表面上的 A、B 两点(尽量靠近孔的外端),分别求出的 A、B 两点与基准心轴表面的差值 f_{a1}、f_{b1}。

5)将被测件翻转 90°,按上述方法再次测量、计算,得 f_{a2}、f_{b2}。

6)计算：A 点处的同轴度误差 $f_a=\sqrt{(f_{a1})^2+(f_{a2})^2}$；$B$ 点处的同轴度误差 $f_b=\sqrt{(f_{b1})^2+(f_{b2})^2}$；$f_a$、$f_b$ 中较大的值即为该零件的同轴度误差。

(4)打表法测量轴的同轴度误差

1)将被测件放在V型块(或顶尖)上,如图5.31所示。

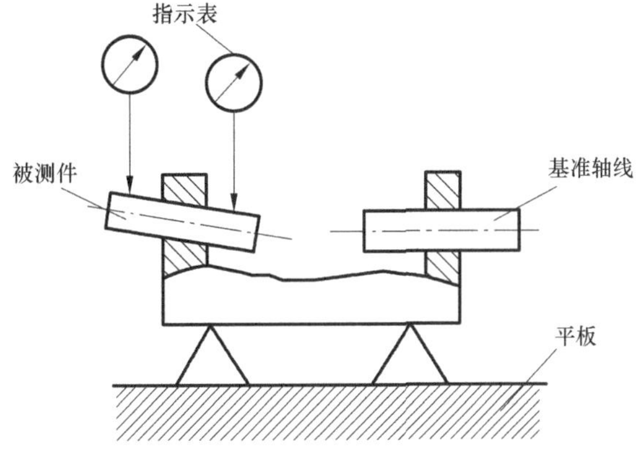

图5.31　打表法测量轴的同轴度误差

2)测量前调整工件,使基准轴线与平板平行。

3)将指示表测头与被测心轴的上素线接触,注意指示表的测杆应垂直于平板。

4)分别测量被测轴线两端,取两端的读数之差值为该截面的同轴度误差。

5)转动被测零件,以上述方法测量若干个轴向截面,其最大值即为该零件的同轴度误差。

(5)填写实训报告

3. 实训:用指示表、V型块(或顶尖)测量径向圆跳动误差、径向全跳动误差、端面圆跳动误差、斜向圆跳动误差

(1)实训目的

1)了解跳动项目与其他形位公差项目的不同处。

2)熟悉各类跳动误差的测量方法。

(2)量具与工件

V型块(或顶尖)、平板、指示器、工件。

(3)测量原理

跳动项目与其他的形位公差项目不同,它被认为是针对特定的测量方法定义的形位公差项目,因而可以从测量方法上理解其意义,跳动项目只限于测量工件的回转表面、回转端面或回转曲面。在一定条件下,它可替代圆度、圆柱度、同轴度等测量难度较大的形位公差项目的检测,故在生产中被广泛应用。

(4)径向圆跳动的测量步骤

1)将被测件放在V型块(或顶尖)上,并在轴向定位,如图5.32所示。

2)指示表的测头垂直指向任一截面,当工件回转一周过程中指示表最大最小

读数之差为该截面径向圆跳动误差 f。

3)按同样方法测量多个截面，一般测量圆柱左、中、右三个截面分别得 $f_{左}$、$f_{中}$、$f_{右}$，取其中最大值为该圆柱相对公共基准线的径向圆跳动误差 f。

(5)径向全跳动的测量步骤

1)将被测件放在V型块(或顶尖)上，并在轴向定位，如图5.33所示。

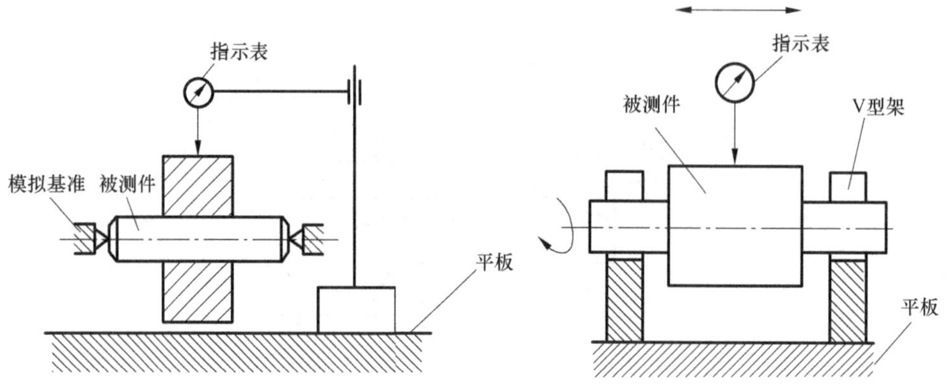

图5.32　径向圆跳动误差测量　　图5.33　径向全跳动误差测量

2)指示表的测头垂直指向任一截面，测头一般测量圆柱左、中、右三个截面，当工件回转一周过程中指示表最大与最小读数之差分别为 $f_{左}$、$f_{中}$、$f_{右}$(注意：在分别测量三个截面时，指示表不能调整或变动)，取其中最大值为该圆柱相对于公共基准线的径向全跳动量 f。该方法常用于精度不太高的工件测量上。

(6)端面圆跳动的测量步骤

1)将被测件放在V型块(或顶尖)上，并在轴向定位，如图5.34所示。

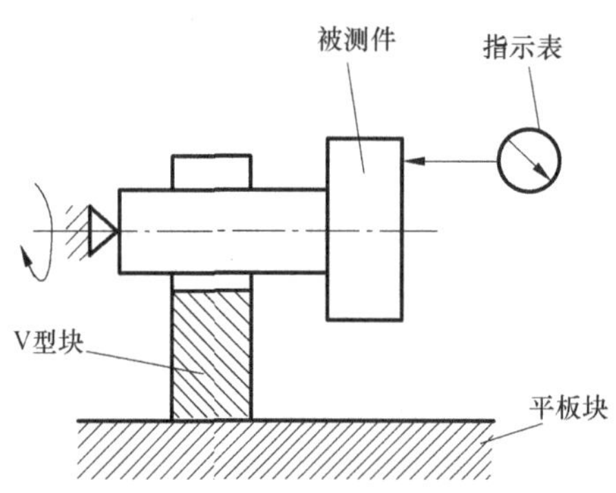

图5.34　端面圆跳动误差测量

2)指示表的测头垂直指向端面，当工件回转一周过程中指示表最大与最小读数之差为该端面圆跳动误差。

3)按同样方法，一般测量三个不同半径的圆，取其中的最大值为该圆柱端面相对于公共基准线的端面圆跳动量。

(7)斜向圆跳动的测量步骤

1)将被测件放在V型块(或顶尖)上,并在轴向定位。

2)指示表的测头应垂直指向被测面,当工件回转一周过程中指示表最大最小读数之差为该截面的斜向圆跳动误差 f,如图5.35所示。

3)按同样方法测量多个截面,取其中最大值为该圆锥面相对公共基准线的斜向圆跳动量 f。

该方法适合斜面、锥面、回转曲面。

(8)填写实训报告

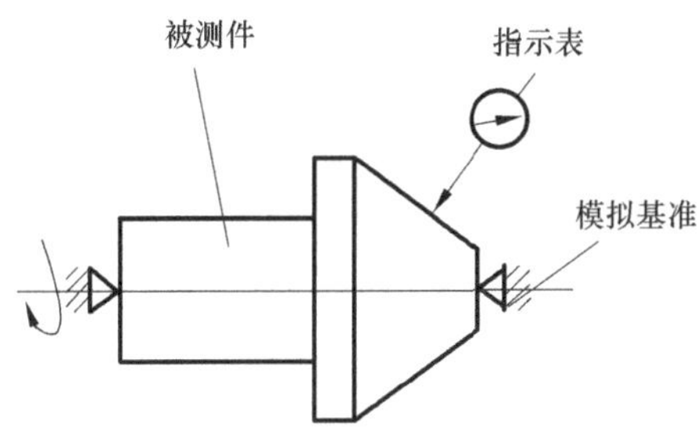

图5.35 斜向圆跳动误差测量

习 题

1. 国家标准为什么要规定形位公差?
2. 零件有哪些几何要素?
3. 国标规定形位公差共有多少项目?其名称和符号是什么?
4. 形位公差由哪些要素组成?形位公差带的形状有哪些?
5. 举例说明什么是最小条件,为什么要规定最小条件?
6. 试叙述独立原则、相关原则、包容要求、最大实体要求,并写出它们的符号。
7. 试解释下图标注的各项形位公差。

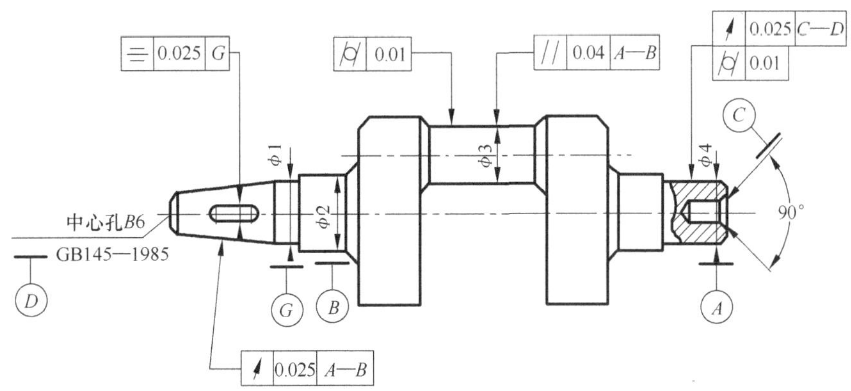

第
6
章

表面粗糙度与测量

6.1 概　　述

6.1.1 表面粗糙度

在机械加工时，零件在被切削过程中由于切屑分离时的塑性变形、工艺系统中的高频振动以及刀具与加工面的摩擦等原因，零件的加工表面会产生微小的峰谷，形成微小的几何形状误差，这就是表面粗糙度。表面粗糙度越小，表面越光滑。因此，表面粗糙度是反映零件加工表面上微小峰谷的间距和高低状况的微观几何形状误差。

表面粗糙度与表面波纹度以及形状误差在量级上有所区别，通常波距小于1mm的属于表面粗糙度；波距在1～10mm的属于表面波纹度；波距大于10mm的属于形状误差，如图6.1所示。

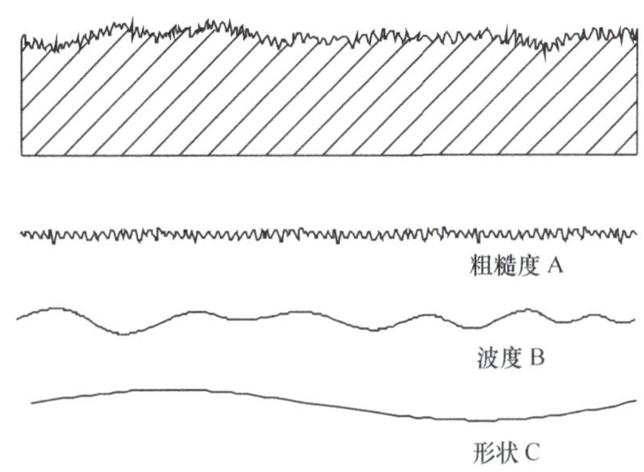

图6.1　零件表面的几何形状误差

6.1.2 表面粗糙度对零件使用性能的影响

表面粗糙度与机械零件的配合性能、耐磨性、工作精度、抗疲劳强度、抗腐蚀性等有着密切的关系，对机械零件的使用性能和工作寿命有很大的影响。

1. 对配合性能的影响

表面粗糙度影响配合性能稳定性。对于间隙配合，相对运动的表面因粗糙不平而迅速磨损，致使实际间隙增大；对于过盈配合，表面微小峰谷在装配时被挤平，使实际有效过盈量减小，降低连接强度。

2. 对耐磨性的影响

表面粗糙度影响零件的摩擦和磨损。由于零件表面粗糙不平，两表面的峰顶相互接触，相对运动时产生摩擦阻力，使零件产生磨损。一般来说，零件表面越粗糙，则摩擦阻力越大，零件磨损也越大。

3. 对工作精度的影响

表面粗糙度影响零件的工作精度。粗糙表面易于磨损,使配合间隙增大,从而影响机器工作的精度。

4. 对抗疲劳强度的影响

表面粗糙度影响零件的疲劳强度。粗糙表面的凹痕越深,在交变应力的作用下,零件会因应力集中而产生疲劳,导致零件表面产生裂纹而损坏。

5. 对抗腐蚀性的影响

表面粗糙度影响零件表面的锈蚀。粗糙表面的凹处易积存腐蚀性物质,并渗入金属内层,致使零件表面锈蚀,形成斑块脱落。

6. 对零件其他性能的影响

表面粗糙度对零件其他性能的影响还有许多,如结合面的密封性、外观、测量精度等等。

综上所述,对于合格的零件,在满足尺寸公差、形状位置公差的同时,还必须满足表面粗糙度要求,才能保证零件的互换性。

6.2 表面粗糙度的评定参数

6.2.1 主要术语及定义

1. 取样长度 l

取样长度是指测量或评定表面粗糙度时所规定的一段基准线长度,代号 l。规定取样长度的目的是为了限制和减弱其他几何形状误差。特别是表面波度对测量表面粗糙度结果的影响。取样长度的方向应与轮廓走向一致,如图 6.2 所示。

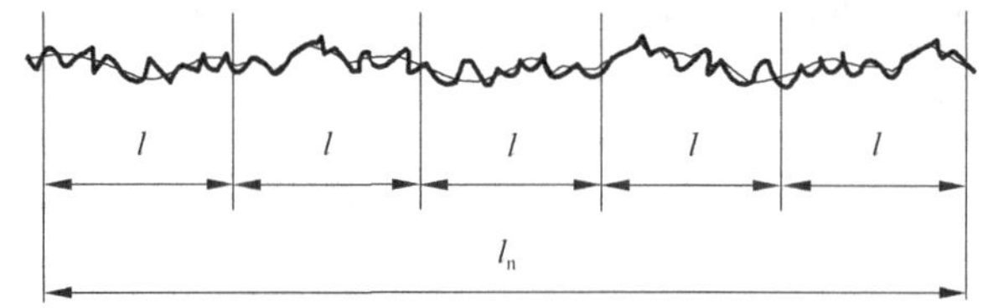

l——取样长度;l_n——评定长度

图 6.2 取样长度与评定长度

2. 评定长度 l_n

评定长度是指评定表面粗糙度所必需的一段长度,代号 l_n,如图 6.2 所示。由于加工表面的不均匀性,为了合理的反映表面粗糙度的特征而确定的一段最小长

度，这条假想线就是最小二乘中线，如图 6.3 所示。一般情况，取 $l_n = 5l$。

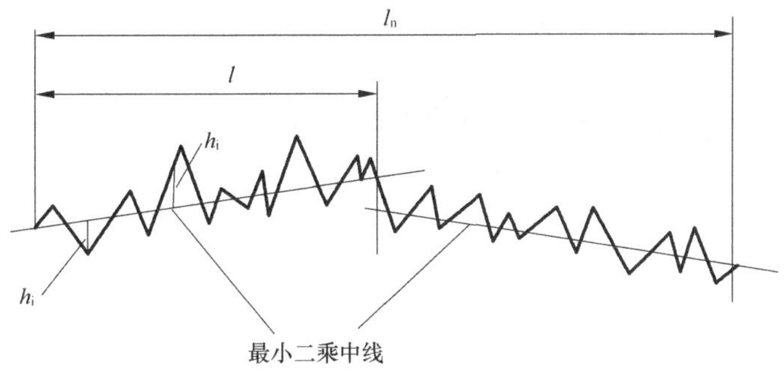

图 6.3　轮廓的最小二乘中线

3. 轮廓中线

轮廓中线是指评定表面粗糙度参数值大小的一条基准线。轮廓中线有以下两种。

(1)轮廓的最小二乘中线

轮廓的最小二乘中线是指根据实际轮廓用最小二乘法来确定的基准线，即在取样长度内，使轮廓上各点至一条假想线的距离 h_i 的平方和为最。

(2)轮廓的算术平均中线

轮廓的算术平均中线是指在取样长度内，由一条假想线将实际轮廓分成上下两部分，并使上下部分的面积相等，这条假想线就是算术平均中线，如图 6.4 所示。

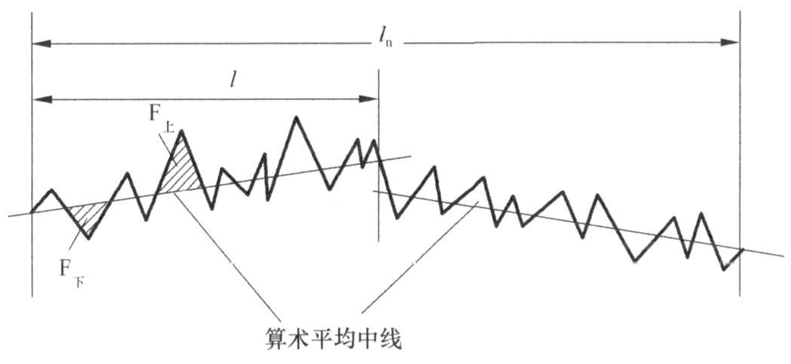

图 6.4　轮廓的算术平均中线

6.2.2　表面粗糙度的主要评定参数　(GB/T 1031—95)

为了完善地评定零件的表面粗糙度，国家标准从表面微观形状的高度、间距、形状三个方向的特征，相应地规定了表面轮廓的高度特征参数、间距特征参数和形状特征参数。以下介绍与高度特征有关的评定参数。

1. 轮廓算术平均偏差 R_a

轮廓算术平均偏差 R_a 是指在取样长度 l 内，被测轮廓线上各点到基准线的距离的绝对值的算术平均值，如图 6.5 所示。R_a 值越大时，表面越粗糙。R_a 值能充

分反映表面微观几何形状高度方面的特性，并且测量方便，所以国家标准优先推荐选用 R_a 值。

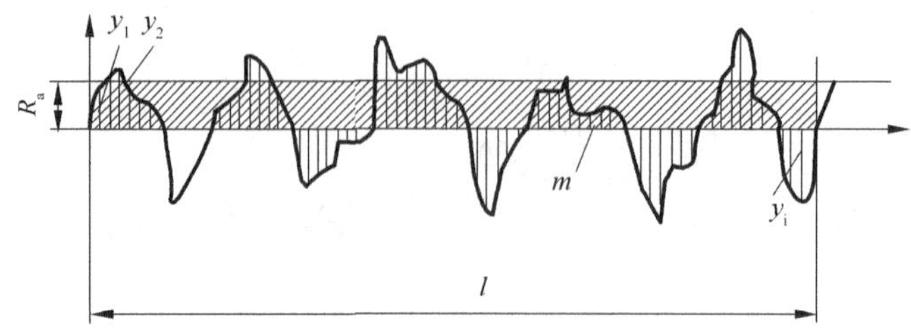

图 6.5　轮廓的算术平均偏差 R_a

2. 微观不平度十点高度 R_z

微观不平度十点高度 R_z 是指在取样长度 l 内，选取 5 个最大的轮廓峰高的平均值与 5 个最大的轮廓谷深的平均值之和，如图 6.6 所示。R_z 值越大时，表面越粗糙。因测点少，R_z 值不能充分反映表面微观几何形状的特性，但轮廓峰高和轮廓谷深易用光学显微镜测量，再加上计算方便，所以应用较多。

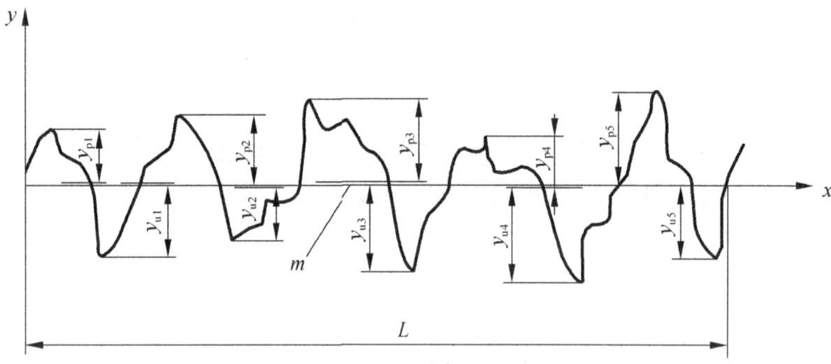

图 6.6　微观不平度十点高度 R_z

3. 轮廓最大高度 R_y

轮廓最大高度 R_y 是指在取样长度 l 内，轮廓峰顶线与轮廓谷底线之间的距离，如图 6.7 所示。R_y 值不如 R_a、R_z 值全面。但测量简便，所以常用于不允许有较深加工痕迹或某些较小的表面。

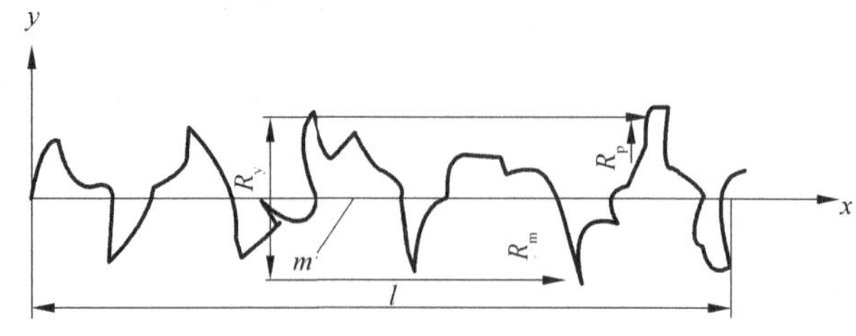

图 6.7　轮廓最大高度 R_y

除了以上介绍与高度特征有关的评定参数外，另外还有与间距特征有关的评定参数、形状特征有关的评定参数。国标规定，与高度特征有关的评定参数是基本评定参数。

6.3 表面粗糙度的符号、代号及标注

6.3.1 表面粗糙度的符号

GB/T 131—1993 规定表面粗糙度的基本符号如图 6.8 所示，在图样上用细实线画出。符号及其意义见表 6.1 所示。

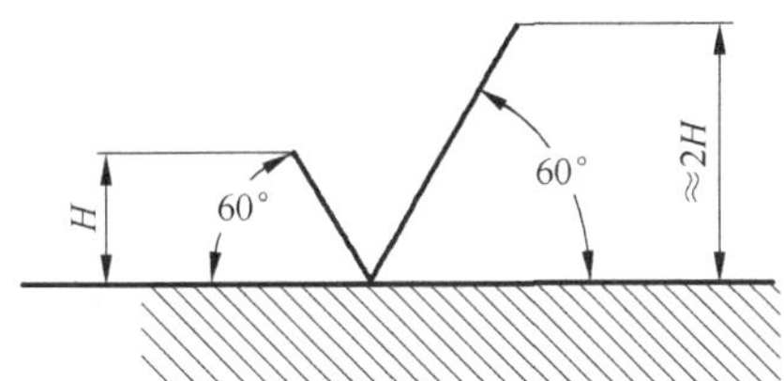

图 6.8　表面粗糙度的基本符号

表 6.1　表面粗糙度符号即其意义

符　号	意义及说明
	基本符号，表示表面可以用任何方法获得。当不加注粗糙度参数值或有关说明时，仅适用于简化代号标注
	基本符号加一短划，表示表面是用去除材料的方法获得。如车、铣、刨、磨、抛光、腐蚀、气割等
	基本符号加一小圆，表示表面是用不去除材料的方法获得。如铸、锻、轧、冲压、粉末合金等 或者用于保持原供应(包括上道工序)状况
	在上述三个符号的长边均可加一横线，用于标注有关说明或参数
	在上述三个符号上均可加一圆，表示所有表面具有相同的表面粗糙度要求

6.3.2 表面粗糙度的代号

在表面粗糙度的基本符号的基础上，注出表面粗糙度的数值及有关规定就形成了表面粗糙度的代号。表面粗糙度数值及有关规定在符号中标注书写的位置如图 6.9 所示，图中：

a_1、a_2——粗糙度高度参数代号即其数值，μm。参数为 R_a 时，参数前可不注符号 R_a；

b——加工方法、镀覆、涂覆或其他说明等；

c——取样长度，mm；

d——加工纹理方向符号(加工纹理方向的符号，见表 6.2)；

e——加工余量，mm；

f——粗糙度间距参数值，mm。

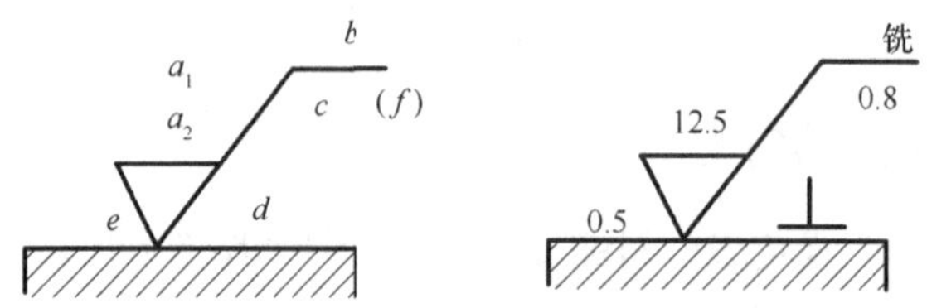

图 6.9 表面粗糙度代号标注位置

表 6.2 加工纹理方向的符号(GB/T 131—1993)

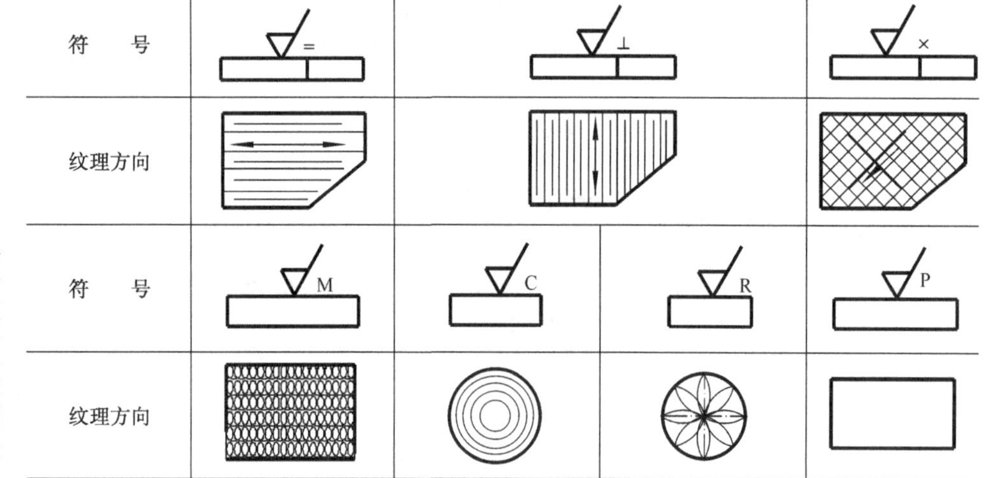

符　　号	=	⊥	×
纹理方向			

符　　号	M	C	R	P
纹理方向				

6.3.3 表面粗糙度代号标注示例(GB/131—1993)(表 6.3)

表 6.3 表面粗糙度代号标注示例 (GB/131—1993)

代　　号	含　　义	代　　号	含　　义
3.2	用任何方法获得的表面粗糙度，R_a 的最大值为 3.2μm	3.2 R_y12.5	用去除材料的方法获得的表面粗糙度，R_a 的最大值为 3.2μm，R_y 最小值为 1.6μm
3.2 1.6	用去除材料的方法获得的表面粗糙度，R_a 的最大值为 3.2μm，最小值为 1.6μm	3.2max	用任何方法获得的表面粗糙度，R_a 的最大值为 3.2μm
3.2 R_y12.5	用去除材料的方法获得的表面粗糙度，R_z 的最大值为 3.2μm，最小值为 1.6μm	3.2max 1.6min	用去除材料的方法获得的表面粗糙度，R_a 的最大值为 3.2μm，最小值为 1.6μm

续表

代　号	含　义	代　号	含　义
R_z3.2max R_z1.6min	用去除材料的方法获得的表面粗糙度，R_z 的最大值为 3.2μm，最小值为 1.6μm	3.2max R_y12.5max	用去除材料的方法获得的表面粗糙度，R_a 的最大值为 3.2μm，R_y 最小值为 1.6μm

6.3.4　表面粗糙度在图样上的标注方法

表面粗糙度符号、代号一般标注在图样上的可见轮廓线、尺寸界线、引出线或它们的延长线上，符号的尖端从材料外指向被测表面，代号中数字及符号的标注书写方向应与尺寸数字方向一致，如图 6.10 所示。当零件大部分表面具有相同的表面粗糙度要求时，对其中使用最多的一种代号可以统一标注在图样的右上角，并加“其余”两字。

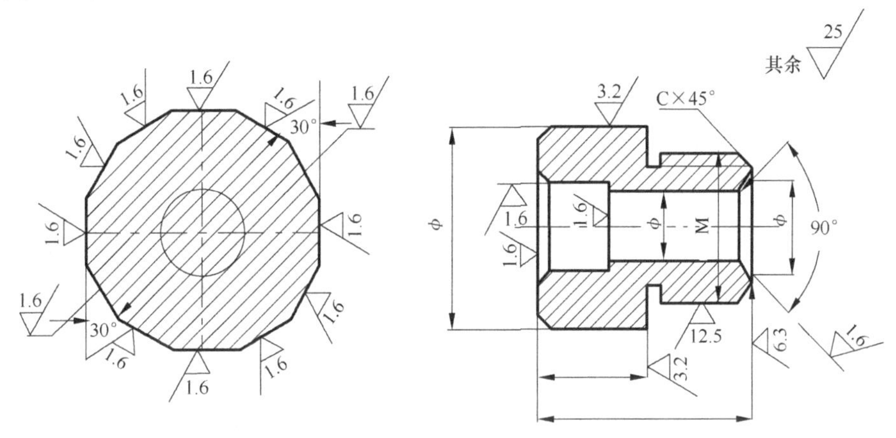

图 6.10　表面粗糙度代号在图样上标注实例

6.4　表面粗糙度的检测

表面粗糙度常用的检测方法有比较法、轮廓法、光切法、干涉法、印模法等。

1. 比较法

比较法是将被测表面与表面粗糙度样块，放在一起，通过检验者的视觉(有时还借助放大镜)和触觉进行比较，从而评定表面粗糙度的一种常用方法。比较法不能精确得到被测表面的粗糙度数值，但经济、方便，且能满足一般生产要求，因此常用于生产车间。下面重点介绍用表面粗糙度样块比较的方法。

(1)表面粗糙度样块组及标准

一套完整的表面粗糙度样块，包括车、铣、刨、磨、镗等各种加工方法，每种样块又按粗糙度等级 排列，装在一个专用盒子里，如图 6.11 所示。

图 6.11　成套表面粗糙度样块

国家标准规定了各种表面粗糙度样块的制造标准:GB/T 6060.1—1997《表面粗糙度比较样块　铸造表面》;GB/T 6060.2—1985《表面粗糙度比较样块　磨、车、镗、铣、插及刨加工表面》:GB/T 6060.3—1986《表面粗糙度比较样块　电火花加工表面》等。

(2)表面粗糙度样块的使用方法

1)要求表面粗糙度样块的形状、材料、加工方法、加工纹理与被测工件相同。

2)注意将表面粗糙度样块与被测工件放在同一自然条件下(光线、温度、湿度等)进行比较。

3)通过观察、手触摸的感觉来判断是否合格,触摸时手的移动方向应与加工纹理相垂直。

4)R_a 值在 1.6μm 以上时,应借助 5 倍以上的放大镜进行观察。

2. 轮廓法

轮廓法又称针触法或感触法,是用电动轮廓仪测量表面粗糙度 R_a 值。它利用传感器测杆上装有的金刚石触针与被测表面接触,当触针以一定速度沿被测表面移动时,被测表面轮廓上的峰谷起伏使触针上下移动,这微量的移动使传感器内的电感量发生变化,经过电子处理,得到实际轮廓图。再进行分析计算,获得该表面粗糙度 R_a 值。测量 R_a 值的范围一般为 0.04～5μm。

3. 光切法

光切法是用光切显微镜(双管显微镜)测量表面粗糙度 R_z 和 R_y 值。它利用光切原理通过互为 90°两个镜管,将光源发出的光线形成一束平行光带,以 45°的倾斜角投射到具有微小峰谷的被测表面上,并分别在峰谷处发生反射,通过目镜与测微器观察,计算出该表面的 R_z 和 R_y 值。测量范围一般 R_z 为 0.5～80μm。

4. 干涉法

干涉法常用的仪器是干涉显微镜。利用光波干涉原理和显微镜系统测量表面粗糙度 R_z 和 R_y 值,测量 R_z 范围一般为 0.05～0.8μm。

5. 印模法

对于零件某些特殊部位(如凹槽)或大零件的内表面,常用印模法进行测量表面粗糙度。它先用石蜡、低熔点合金或其他印模材料贴合在被测表面上,将被测表面复制成模。然后再测量印模,通过计算,评定表面粗糙度数值。测量 R_a 范围一般为0.08～80μm。

实训

1. 实训一：用表面粗糙度样块测量表面粗糙度

(1)实训目的

1)了解表面粗糙度样块的种类。

2)掌握表面粗糙度比较测量的方法。

(2)量具与工件

表面粗糙度样块、工件。

(3)种类

按 GB/T 6060.2—1985《表面粗糙度比较样块　磨、车、镗、铣、插及刨加工表面》标准选取。

(4)测量步骤

1)挑选与工件材料、形状、加工工艺一致的表面粗糙度比较样块。

2)将工件与表面粗糙度比较样块放在光线、湿度、温度一致的自然条件下，通过视觉与触摸的感觉来判断是否合格，触摸时手的移动方向应与加工纹理相垂直。

(5)填写实训报告

2. 实训二：用电动轮廓仪测量表面粗糙度 R_a 值

(1)实训目的

1)了解电动轮廓仪的结构。

2)熟悉电动轮廓仪测量表面粗糙度的方法。

(2)量仪与工件

电动轮廓仪、工件。

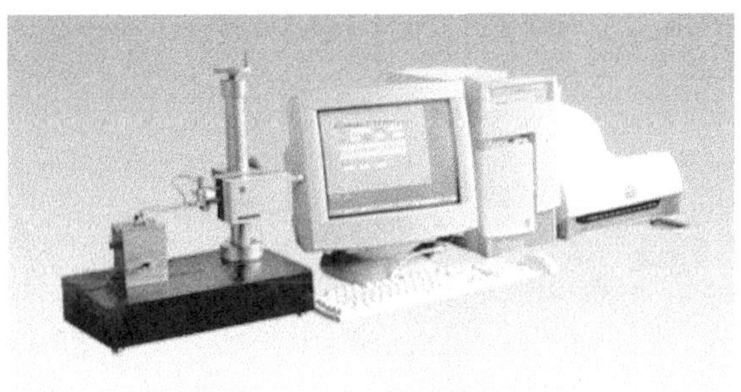

图 6.12　轮廓仪

(3)测量步骤

1)准备工作。打开电源，让电动轮廓仪预热十分钟。

2)放置工件(圆柱工件可借助 V 型块)。必须注意被测工件的加工表面纹理应垂直于传感器触针运动的方向。

3)将选择开关拨到“记录”位置，按记录方式测量。

4)数据处理,计算 R_a 值。

5)按图样上要求,判断被测表面的粗糙度是否合格。

(4)填写实训报告

习　　题

1. 什么是表面粗糙度?它对零件的使用要求有什么影响?

2. 什么是取样长度和评定长度?

3. 表面粗糙度高度特征的主要评定参数有哪些?分别论述其含义和代号。

4. 表面粗糙度的常用的检测方法有哪些?各种方法适合哪些评定参数?优先采用哪个评定参数?

5. 请解释下图中所标注的表面粗糙度代号的含义。

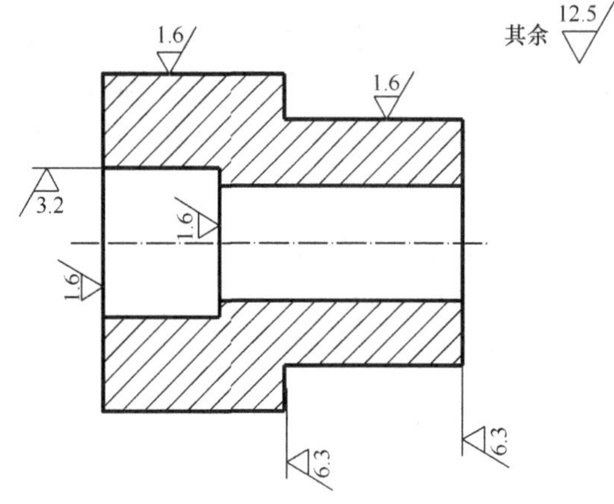

第7章

典型零件表面的公差配合与检测

7.1　普通螺纹的公差与配合

7.1.1　普通螺纹的基本牙型和几何参数

1. 基本牙型

普通螺纹的基本牙型是在高度为 H 的原始三角形(正三角形)上，截去顶部 $H/8$ 和底部 $H/4$ 而形成的牙型。其基本牙型如图 7.1 所示。

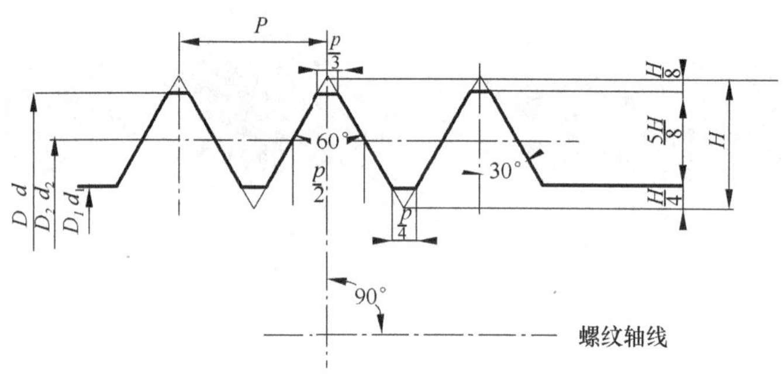

图 7.1　普通螺纹的基本牙型

2. 几何参数

如表 7.1 和表 7.2 所示。

(1)大径 D 或 d

大径是与内螺纹牙底或外螺纹的牙顶相切的假想圆柱的直径。

国家标准规定，普通螺纹的大径为螺纹的公称直径尺寸。

(2)小径 D_1 或 d_1

小径是与内螺纹牙顶或外螺纹的牙底相切的假想圆柱的直径。

(3)中径 D_2 或 d_2

中径是一假想圆柱的直径。该圆柱的母线通过螺纹牙型上的沟槽宽度和凸起宽度相等。

(4)螺距 p 和导程 P_n

螺距是相邻两牙中径线上对应两点间的轴向距离。导程是同一条螺旋线上的相邻两牙在中径线上对应两点间的轴向距离。导程 P_n 等于螺纹线数 n 乘螺距 p，即 $P_n=n\cdot p$。

(5)牙型角 α 和牙型半角$\frac{\alpha}{2}$

牙型角是在通过螺纹轴线的剖面上，相邻两牙侧间的夹角，普通螺纹的牙型角$\alpha=60°$。

牙型半角是在通过螺纹轴线的剖面上，牙侧与螺纹轴线的垂线间的夹角。普

通螺纹的牙型半角$\frac{\alpha}{2}=30°$。

表 7.1　普通螺纹直径与螺距标准组合系列(GB/T 193—2003)

公称直径 D、d/mm			螺距 P/mm								
第 1 系列	第 2 系列	第 3 系列	粗牙	细牙							
				4	3	2	1.5	1.25	1	0.75	0.5
5			0.8								
	5.5										0.5
6			1							0.75	
	7		1							0.75	
8			1.25						1	0.75	
			1.5						1	0.75	
10			1.5					1.25	1	0.75	
			1.5						1	0.75	
12			1.75				1.5	1.25	1		
	14		2				1.5	1.25①	1		
		15					1.5		1		
16			2				1.5		1		
		17					1.5		1		
	18		2.5			2	1.5		1		
20			2.5			2	1.5		1		
	22		2.5			2	1.5		1		
24			3			2	1.5		1		
	25					2	1.5		1		
		26				2	1.5				
	27		3			2	1.5		1		
		28				2	1.5		1		
30			3.5		(3)	2	1.5		1		
		32				2	1.5				
	33		3.5		(3)	2	1.5				
		35②					1.5				
36			4		3	2	1.5				
		38					1.5				
	39		4		3	2	1.5				
		40			3	2	1.5				
42			4.5	4	3	2	1.5				

注:① 仅用于发动机的火花塞。

② 仅用于轴承的锁紧螺母。

表 7.2　普通螺纹的基本尺寸(GB/T 193—2003)(mm)

公称直径 D、d			螺距 P	中径 D_2、d_2	小径 D_1、d_1
第 1 系列	第 2 系列	第 3 系列			
5			0.8	4.480	4.134
			0.5	4.465	4.459
	5.5		0.5	5.175	4.959
6			1	5.350	4.917
			0.75	5.513	5.188
7			1	6.350	5.917
			0.75	6.513	6.188
8			1.25	7.188	6.647
			1	7.350	6.917
			0.75	7.513	7.188
		9	1.25	8.188	7.647
			1	8.350	7.917
			0.75	8.513	8.188
10			1.5	9.026	8.376
			1.25	9.188	8.647
			1	9.350	8.917
			0.75	9.513	9.188
		11	1.5	10.026	9.376
			1	10.350	9.917
			0.75	10.513	10.188
12			1.75	10.863	10.106
			1.5	11.026	10.376
			1.25	11.188	10.647
			1	11.350	10.917
	14		2	12.701	11.835
			1.5	13.026	12.376
			1.25	13.188	12.647
			1	13.350	12.917
		15	1.5	14.026	13.376
			1	14.350	13.917
16			2	14.701	13.835
			1.5	15.026	14.376
			1	15.350	14.917
		17	1.5	16.026	15.376
			1	16.350	15.917
	18		2.5	16.376	15.294
			2	16.701	15.835
			1.5	17.026	16.376
			1	17.350	16.917
20			2.5	18.376	17.294
			2	18.701	17.835
			1.5	19.026	18.376
			1	19.350	18.917
	22		2.5	20.376	19.294
			2	20.701	19.835
			1.5	21.026	20.376
			1	21.350	20.917
24			3	22.051	20.752
			2	22.701	21.835
			1.5	23.026	22.376
			1	23.350	22.917
	25		2	23.701	22.835
			1.5	24.026	23.376
			1	24.350	23.917
		26	1.5	25.026	24.376
	27		3	25.051	23.752
			2	25.701	24.835
			1.5	26.026	23.376
			1	26.350	25.917
		28	2	26.701	25.835
			1.5	27.026	26.376
			1	27.350	26.917
30			3.5	27.717	26.211
			3	28.051	26.752
			2	28.701	27.835
			1.5	29.026	28.376
			1	29.350	28.917
		32	2	30.727	29.835
			1.5	31.026	30.376
	33		3.5	30.727	29.211
			3	31.051	29.752
			2	31.701	30.835
			1.5	32.026	31.376
		35	1.5	34.026	33.376
36			4	33.402	34.670
			3	34.051	35.752
			2	34.701	33.835
			1.5	35.026	34.376

(6)螺纹的旋合长度

螺纹的旋合长度是指两个相互配合的螺纹，沿螺纹轴线方向相互旋合部分的长度，如图 7.2 所示。

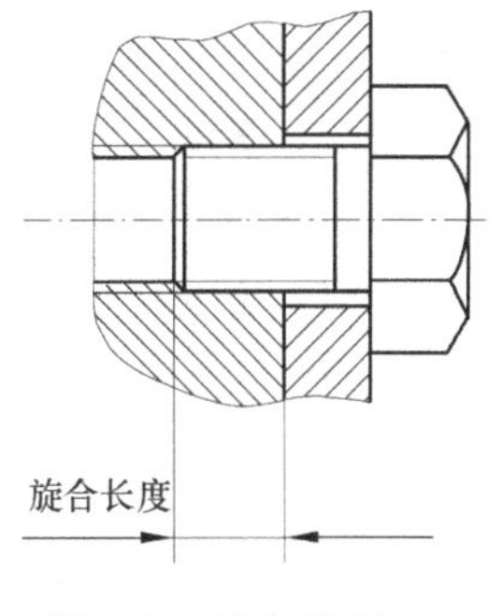

图 7.2　旋合长度

7.1.2　螺纹几何参数对互换性的影响

对普通螺纹而言，互换性的要求是可旋合性和连接可靠性。

螺纹的螺距、牙型半角和中径的误差是影响螺纹互换性的主要几何参数。

1. 螺距误差对互换性的影响

螺距误差包括螺距局部误差和螺距累积误差。

螺距局部误差是指螺纹的全长上，任意单个实际螺距对公称螺距的最大差值，它与旋合长度无关；螺距累积误差是指旋合长度内，任意个实际螺距与公称值的最大差值，它与旋合长度有关；螺距累积误差是影响螺距互换性的主要因素。

2. 牙型半角误差对互换性的影响

牙型半角误差是指实际牙型半角与公称牙型半角之差，它对螺纹的旋合性和连接强度都有影响。

3. 中径误差对互换性的影响

中径误差是指中径实际尺寸与中径基本尺寸之差。一般用途的螺纹，当内外螺纹相互旋合时，它们的顶径和底径均留有间隙，通过牙型侧面接触实现连接。此时螺纹实际中径的大小将直接影响牙型侧面的接触状况。在螺纹的制造过程中，螺纹中径也会出现误差。如果外螺纹的中径大于内螺纹中径，外螺纹就无法旋合；当外螺纹中径过小时，螺纹旋入后，内外螺纹的间隙过大，配合过松，牙侧的接触面积减小，直接影响螺纹的紧密性和连接强度。

国标中对普通螺纹只规定了中径公差，没有单独规定螺距和牙型半角的公差，但通过中径公差可以同时限制实际中径误差、螺距误差和牙型半角误差，因此中径公差是一项很重要的公差。普通螺纹中径公差见表 7.3。

表 7.3　普通螺纹中径公差(GB/T 197—2003)

公称直径 D/mm		螺距	内螺纹中径公差 T_{D2}						螺纹中径公差 T_{d2}					
			公差等级						公差等级					
>	≤	P/mm	4	5	6	7	8	3	4	5	6	7	8	9
5.6	11.2	0.5	71	90	112	140	—	42	53	67	85	106	—	—
		0.75	85	106	132	170	—	50	63	80	100	125	—	—

续表

公称直径 D/mm		螺距	内螺纹中径公差 T_{D2}					螺纹中径公差 T_{d2}					
>	≤	P(mm)	公差等级					公差等级					
			4	5	6	7	8	3	4	5	6	7	8	9
5.6	11.2	1	95	118	150	190	236	56	71	90	112	140	180	224
		1.25	100	125	160	200	250	60	75	95	118	150	190	236
		1.5	112	140	180	224	280	67	85	106	132	170	212	295
11.2	22.4	0.5	75	95	118	150	—	45	56	71	90	112	—	—
		0.75	90	112	140	180	—	53	67	85	106	132	—	—
		1	100	125	160	200	250	60	75	95	118	150	190	236
		1.25	112	140	180	224	280	67	85	106	132	170	212	265
		1.5	118	150	190	236	300	71	90	112	140	180	224	280
		1.75	125	160	200	250	315	75	95	118	150	190	236	300
		2	132	170	212	265	335	80	100	125	160	200	250	315
		2.5	140	180	224	280	355	85	106	132	170	212	265	335
22.4	45	0.75	95	118	150	190	—	56	71	90	112	140	—	—
		1	106	132	170	212	—	63	80	100	125	160	200	250
		1.5	125	160	200	250	315	75	95	118	150	190	236	300
		2	140	180	224	280	355	85	106	132	170	212	265	335
		3	170	212	265	335	425	100	125	160	200	250	315	400
		3.5	180	224	280	355	450	106	132	170	212	265	335	425
		4	190	236	300	375	475	112	140	180	224	280	355	450
		4.5	200	250	315	400	500	118	150	190	236	300	375	475

7.1.3 普通螺纹的公差与配合

螺纹公差带由公差等级和基本偏差组成。国家标准(GB/T 197—2003)对其作了有关规定。

1. 公差等级

如表 7.4 所示,其中 6 级是基本级,3 级精度最高,公差值最小;9 级精度最低,公差值最大。

表 7.4 普通螺纹的公差等级

螺纹直径	公差等级
内螺纹小径 D_1	4,5,6,7,8

续表

螺纹直径	公差等级
内螺纹中径 D_2	4,5,6,7,8
外螺纹大径 d	4,6,8
外螺纹中径 d_2	3,4,5,6,7,8

2. 普通螺纹公差带位置与基本偏差

螺纹的基本牙型是计算螺纹偏差的基准。外螺纹的基本偏差是上偏差,分布在基本牙型下方;内螺纹的基本偏差是下偏差,分布在基本牙型上方,如图 7.3 所示。

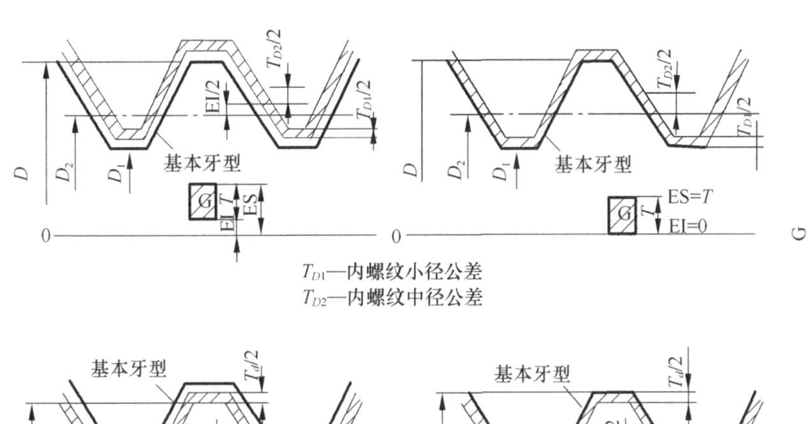

T_{D1}—内螺纹小径公差
T_{D2}—内螺纹中径公差

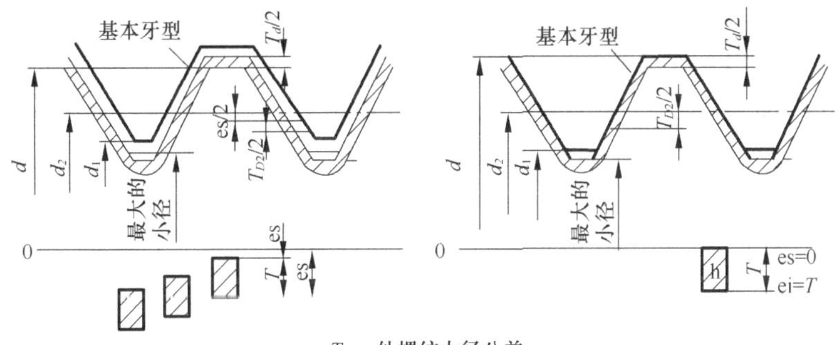

T_d—外螺纹大径公差
T_{d2}—外螺纹中径公差

图 7.3 内外螺纹公差带的分布

国家标准对内螺纹的中径、小径规定了两种基本偏差,其代号为 G、H,基本偏差为下偏差,基本偏差值为 0 或正;对外螺纹的中径、大径规定了四种基本偏差,其代号为 e、f、g、h,基本偏差为上偏差,基本偏差值为负。应注意与一般尺寸公差带代号标注的不同:螺纹公差带代号的公差等级数字在前,基本偏差代号在后。

7.1.4 普通螺纹的标注

普通螺纹的标注由螺纹代号、公称直径、螺距、螺纹公差带代号和旋合长度代号组成。各代号之间用"—"分开。

1. 外螺纹标注示例 M18－5g6g

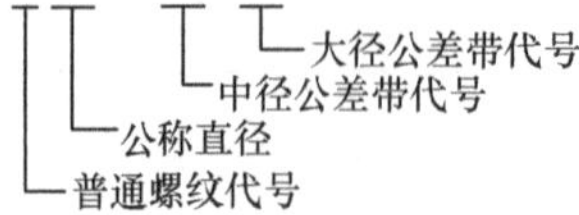

2. 内螺纹标注示例 M16×1－5H6H－L

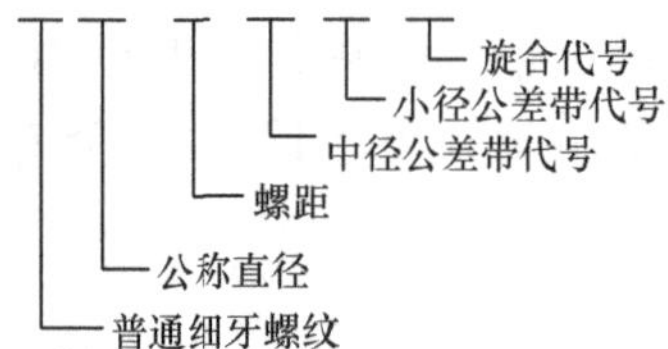

3. 内外螺纹标注示例 M24×2LH－6H/5g6g

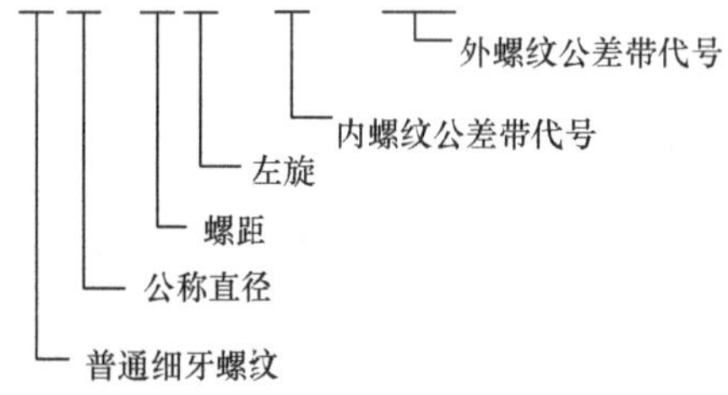

在标注中，左旋螺纹应加“LH”，中径与大(或小)径公差带代号相同时，可只标注一个代号，旋合长度代号为 L(长)，N(中等)，S(短)，中等旋合长度标注时可省略 N，旋合长度也可用数字标注。

7.1.5 普通螺纹的检测

普通螺纹的检测分为综合检测和单项检测两大类。

1. 综合检测

螺纹的综合检测用螺纹极限量规来检测螺纹的合格性，保证螺纹的旋合性和一定的连接强度。由于检测效率高，在大批量生产时，普通螺纹均采用综合检测。但综合检测只能评定内外螺纹的合格性，不能测出实际误差。螺纹极限量规和前面讲过的光滑极限量规一样，分通规与止规。按螺纹的最大实体牙型做成螺纹量规的通规，检测内外螺纹的旋合性；按螺纹中径最小实体尺寸做成螺纹量规的止规，控制螺纹连接的可靠性。检测外螺纹时的通规与止规分别做成环形，称螺纹环规，如图 7.4 所示；检测内螺纹时的通规与止规一般做在量规的两端，称螺纹塞规，如图 7.5 所示。

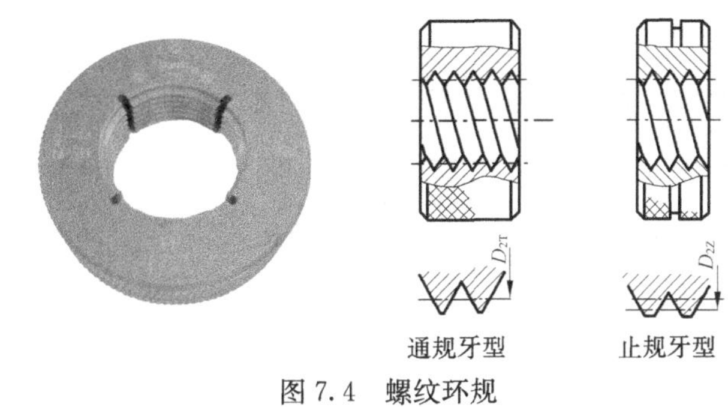

图 7.4　螺纹环规

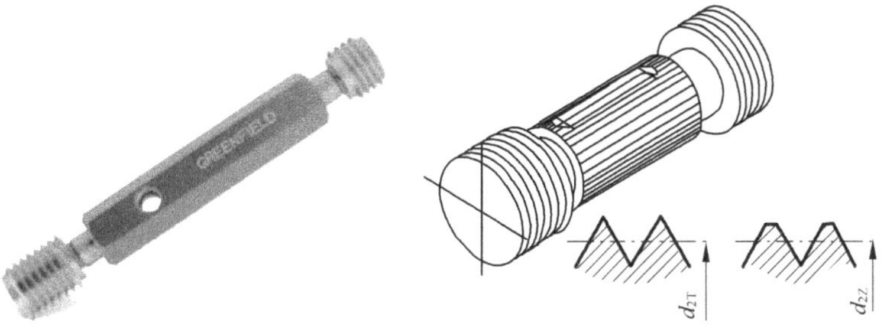

通规牙型　止规牙型

图 7.5　螺纹塞规

2. 单项检测

单项检测是测量螺纹单个参数的实际值。再对误差进行分析，指导生产。对于精度较高的精密螺纹、螺纹量规、螺纹刀具，或者在分析、调整螺纹加工工艺时，常采用单项检测。

螺纹单项检测器具分专用量具和通用量具。专用量具通常只测量螺纹中径一个参数；通用量具如工具显微镜，可分别测量螺纹的各个参数。

(1)用螺纹千分尺测量螺纹中径

螺纹千分尺是测量外螺纹中径的常用量具。它的结构与一般千分尺相似，差别只在两个测量头的形状上。V 型测量头与牙型凸起部分相吻合，另一个圆锥型测量头与螺纹牙槽相吻合，如图 7.6 所示。

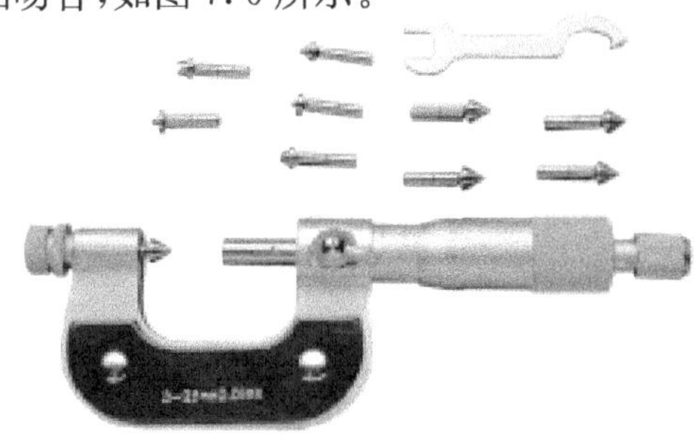

图 7.6　螺纹千分尺

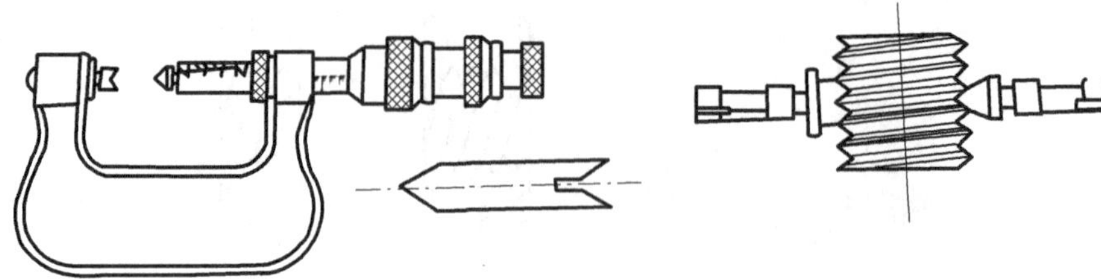

图 7.6　螺纹千分尺(续)

螺纹千分尺测量头是可换的,有 0～25mm 至 325～350mm 各种规格,适合测量各种螺距与不同牙型。

(2)用三针测量中径

三针测量法是测量外螺纹实际中径的一种常用方法。该方法测量简单,测量精度高,应用广泛。如图 7.7 所示为测量原理。测量时根据螺纹的中径选用三根直径相同的量针,如图 7.8 所示,将它们分别放在螺纹直径的两侧沟槽中,然后用千分尺(或精密量仪)测量针距 M。根据已知螺距、牙型角和量针直径的数值,按以下公式可计算出实际中径:

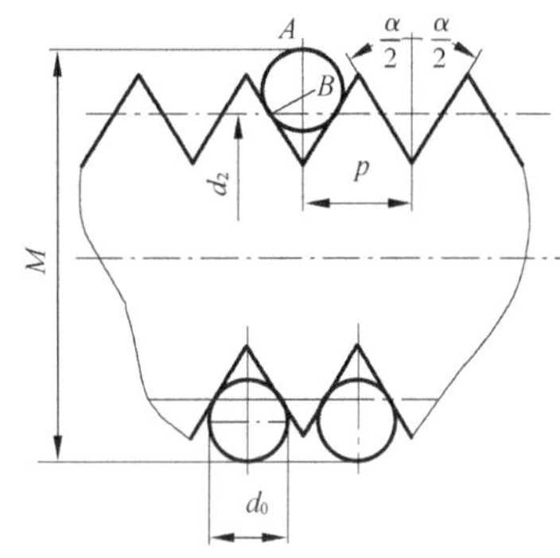

图 7.7　三针测量法

图 7.8　三针测量法所用量针

$$d_2 = M - d_0\left[1 + \frac{1}{\sin\frac{\alpha}{2}}\right] + \frac{P}{2}\cot\frac{\alpha}{2}$$

式中,d_2——实际中径,mm;

M——千分尺实测数值,mm;

d_0——所用量针直径,mm;

α——牙型角,°;

P——螺距,mm。

上式中的最佳量针直径 $d_0=0.577P$,(可从表 7.5 查得),若将 $\alpha=60°$(普通螺纹牙型角)代入,则实际中径计算公式可简化为

$$d_2 = M - 3d_0 + 0.866P$$

在应用时不但可从表 7.5 查得最佳量针直径 d_0，还能查得 A_{60°数值，$A_{60^\circ}=3d_0-0.866P$，所以，只需将测量值 M 减去 A_{60°值，就可直接求出被测螺纹的中径值，简单方便，实用性强。

表 7.5　三针法测量普通螺纹所用量针直径 d_0 及 A_{60°值

螺距 P	量针直径 d_0	A_{60°	螺距 P	量针直径 d_0	A_{60°
0.5	0.291	0.440	2	1.157	1.739
0.75	0.433	0.650	2.5	1.441	2.158
1	0.572	0.850	3	1.732	2.598
1.25	0.724	1.090	3.5	2.020	3.029
1.5	0.866	1.229	4	2.311	3.469
1.75	1.008	1.599	4.5	2.595	3.888

(3)用影像法测量

在万能工具显微镜上，将被测螺纹的牙型轮廓放大成像，按照螺纹轮廓的影像，再测量中径、螺距、牙型半角等参数。为了消除在仪器上安装工件时，因螺纹轴线与测量轴线不重合而产生的测量误差，可将左右测量数据的平均值作为测量结果。

7.1.6　实训

1. 用螺纹塞规、环规测内外螺纹，用螺纹样板测螺纹的螺距、牙型

(1)实训目的

1)了解螺纹塞规、环规、螺纹样板测量的工作原理。

2)掌握螺纹规测量技术。

(2)量具及工件

螺纹塞规、环规、螺纹样板、工件。

(3)测量原理

螺纹环规测外螺纹，螺纹塞规测内螺纹。其中常见的螺纹塞规两端分别为过端和止端，螺纹环规具有标准的全形螺纹牙，一般可旋合长度 8 个牙。

螺纹样板用来测螺距和牙型角。螺纹样板用多种标准螺纹牙型样板组成，组合成套，每个样板上标有各自的螺距。

(4)测量步骤

1)环规测外螺纹时，当螺纹环规的过端能自由地旋入和旋出螺纹，而止端不能旋入，则被测螺纹合格。若过端不能旋入，说明被测螺纹直径大了；若止端能够旋入，说明被检测螺纹工件直径小了，如图 7.4 所示。

2)塞规测内螺纹时，情况则相反，如图 7.5 所示。

3)螺纹样板测量时，先选择一片与被测螺纹参数值相同的螺纹样板，拿样板与

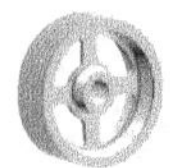

被测螺纹吻合，若没有透光现象，则说明螺距合格，同时牙型也正确。

(5)填写实训报告

2. 用螺纹千分尺测量螺纹中径

(1)实训目的

1)了解螺纹千分尺的工作原理。

2)掌握测量螺纹中径的技术。

(2)量具及工件

螺纹千分尺(图 7.6)、被测螺栓。

(3)测量原理

测量时，螺纹千分尺的 V 型和圆锥型测头分别与螺纹两侧的凸起和沟槽相接触，所测得的尺寸为实际中径值。由于接触点的位置受到牙型半角、螺距误差的影响，所以测量精度较低。

(4)测量步骤

1)按被测螺距，查表 7.6 选择可换测头，装在螺纹千分尺上。

表 7.6　测量头选用

螺距/mm	0.4～0.5	0.6～0.8	1～1.25	1.5～2	2.5～3
测头代号	1	2	3	4	5

2)校对 0 位。

3)测量时，旋动螺纹千分尺，当两测头与被测螺纹的两侧沟槽相接触后，轻轻摆动千分尺，直到千分尺与螺纹接触的松紧程度合适时，读出螺纹中径值。

(5)填写实训报告

3. 用三针测量法测中径

(1)实训目的

1)掌握用三针法测量螺纹中径的技术。

2)掌握千分尺的使用方法。

(2)量具及工件

千分尺、三针、工件。

(3)测量原理

三针测量法适合中、高精度螺纹的中径测量。测量时根据螺纹中径选用三根直径相同的量针，分别放在螺纹直径两侧的沟槽中，然后用千分尺测量针距。

(4)测量步骤

1)根据被测螺距，查表 7.5，选择最佳三针和相应的 $A_{60°}$ 值。

2)将选好的三针分别放在螺纹直径的两侧沟槽中，用千分尺测量针距 M。

3)把测得的 M 值和查得的 $A_{60°}$ 代入以下公式，计算出实际中径值 d_2。$d_2=$

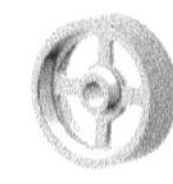

$M-A_{60^\circ}$。

(5)填写实训报告

7.2 圆锥的公差配合与检测

7.2.1 圆锥的公差配合基本概念

1. 圆锥配合的分类、形式及应用

和圆柱配合一样,圆锥配合也可分为以下三种:

(1)间隙配合

这类配合具有间隙,在使用时间隙大小还可调整,常用于有相互运动的机构中,如机床顶尖、车床主轴圆锥轴颈与圆锥滑动轴承的配合等。

(2)过盈配合

这类配合具有过盈,可通过内外圆锥配合产生的摩擦力传递扭矩,常用于如钻头的圆锥柄,机床主轴锥孔的配合等。

(3)紧密(过渡)配合

这类配合接触紧密,间隙为零或小于零,常用于需要定心或密封的场合,可防止漏水、漏气,如内燃机中阀门与阀门座的配合。这类配合通常要将内、外圆锥配对研磨,所以没有互换性。

另外,圆锥配合的配合特征是通过相互结合的内外圆锥之间的轴向位置来形成间隙或过盈的。因此,按确定内、外圆锥轴向位置的不同,圆锥配合的形式可分成两种:

1)结构型圆锥配合:

由确定装配的最终位置而获得的所需配合称结构型圆锥配合。如图 7.9(a)所示,轴肩端面确定了该配合为间隙配合;又如图 7.9(b)所示,基准平面确定了该配合为过盈配合。

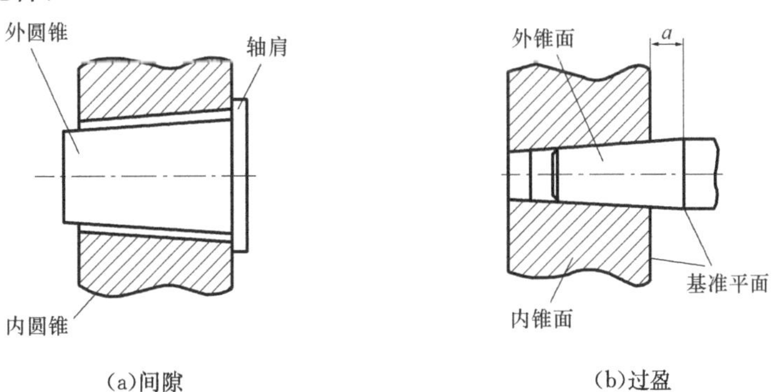

(a)间隙　　(b)过盈

图 7.9　结构型圆锥配合

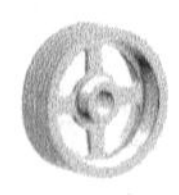

2)位移型圆锥配合：

由实际初始位置(使内外圆锥的表面刚接触的位置)开始，给定沿轴向移动的距离而获得的配合称位移型圆锥配合，如图 7.10(a)所示；或施加一定的装配力而获得的配合，如图 7.10(b)所示。

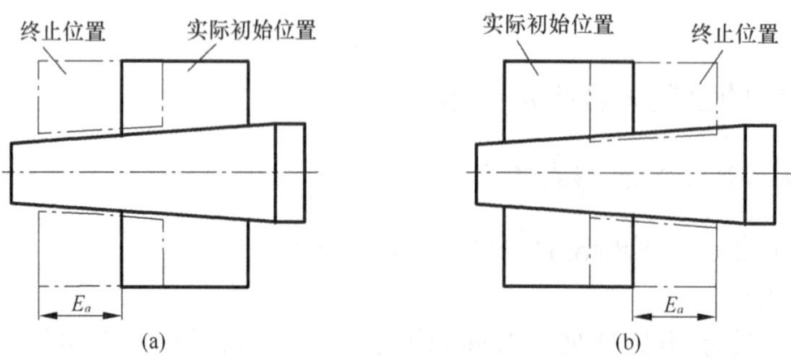

图 7.10　位移型圆锥配合

圆锥配合具有圆柱配合不可替代的作用，在机器结构中也经常应用。但由于结构较为复杂，加工、检测也比较困难，因此不如圆柱配合应用广泛。

2. 圆锥配合的主要参数

圆锥的基本参数如图 7.11 所示。

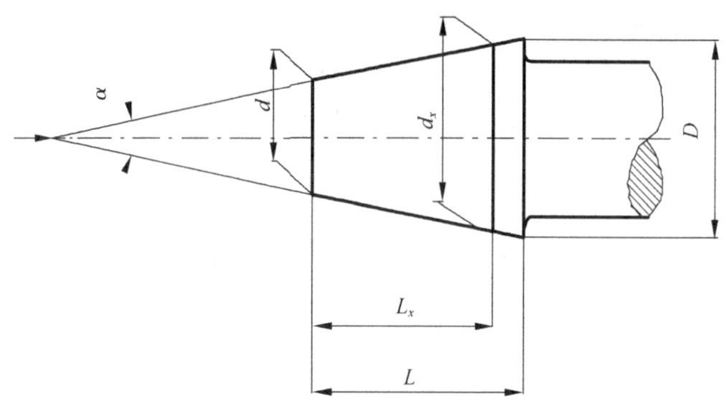

图 7.11　圆锥的基本参数

(1)圆锥角(α)

圆锥角指在通过圆锥轴线的截面内，两条素线之间的夹角。

(2)圆锥基本直径(D、d)

圆锥基本直径指圆锥在垂直于轴线的截面上的直径。常用的圆锥直径有最大圆锥直径(D)和最小圆锥直径(d)。设计中，一般选用内圆锥最大直径或外圆锥最小直径作为基本直径。

(3)圆锥长度(L)

圆锥长度指最大圆锥直径截面与最小圆锥直径截面之间的轴向距离。

(4)给定横截面的长度(L_x)：

指给定横截面处圆锥直径与给定基准面间的轴向距离。

(5) 锥度(C)

锥度指最大圆锥直径与最小圆锥直径截面之差对圆锥长度之比。即 $C=\frac{D-d}{L}$或 $C=2\tan\frac{\alpha}{2}$。锥度一般用分数或比例形式表示，如 $C=1:3$ 或 $C=1/3$。

3. 锥度与锥角系列

为了减少加工圆锥工件所用的专用刀具、量具的种类和规格，满足生产要求，国家标准规定了一般用途的锥度与圆锥角系列，如表 7.7 所示。

4. 圆锥误差

圆锥直径和锥度(圆锥角)误差以及圆锥的形状误差，都会对圆锥的配合产生影响。

(1)直径误差

对结构型圆锥配合，直径误差影响圆锥配合的实际间隙与过盈的大小；对于位移型圆锥配合，直径误差影响圆锥配合的实际初始位置。

(2)圆锥角误差

圆锥角误差会影响圆锥配合面的接触均匀性。

(3)圆锥形状误差对配合的影响

圆锥形状误差指素线的直线度误差和横截面的圆度误差，它主要影响配合的接触精度。

表 7.7　一般用途的锥度与圆锥角系列(GB/T 157—2001)

基本值		推算值		
系列 1	系列 2	锥角 α		锥角 C
120°		—	—	1 : 0.288 675
90°		—	—	1 : 0.500 000
	75°	—	—	1 : 0.651 613
60°		—	—	1 : 0.866 025
45°		—	—	1 : 1.207 107
30°		—	—	1 : 1.866 025
1:3		18°55′28.7″	18.924 644°	
	1 : 4	14°15′0.1″	14.250 033°	
1 : 5		11°25′16.3″	11.421 186°	
	1 : 6	9°31′38. 2″	9.527 283°	
	1 : 7	8°10′16.4″	8.171 234°	

续表

基本值		推算值		
系列 1	系列 2	锥角 α		锥角 C
	1∶8	7°9′9.6″	7.152 669°	
1∶10		5°43′29.3″	5.724 810°	
	1∶12	4°46′18.8″	4.771 888°	
	1∶15	3°49′15.9″	3.818 305°	
1∶20		2°51′51.1″	2.864 192°	
1∶30		1°54′34.9″	1.909 683°	
1∶50		1°8′45.2″	1.145 877°	
1∶100		34′22.6″	0.572 953°	
1∶200		17′11.3″	0.286 478°	
1∶500		6′52.5″	0.114 592°	

5. 圆锥公差及其应用

为满足圆锥性能和互换性要求，GB/T 11334—1989《圆锥公差》标准规定了四个圆锥公差项目，适用于锥度 1∶3～1∶500，圆锥长度 $L=$ 6～630mm 的光滑圆锥体。

(1)圆锥直径公差(M_b)

圆锥直径公差 T_D 是指圆锥直径允许的变动量。其公差带为两个极限圆锥所限定的区域。公差值可从 GB/T 1800.3—1998《极限与偏差》国家标准中选取，如图 7.12所示。

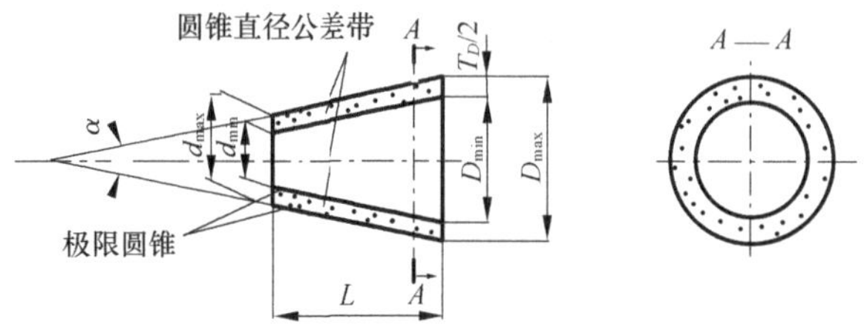

图 7.12　圆锥直径公差带

(2)圆锥角公差(AT)

圆锥角公差 AT 是指圆锥角允许的变动量，以弧度或角度为单位时可用 AT_α 表示；以长度为单位时用 AT_D 表示，如图 7.13 所示。它共分 12 个公差等级，分别用 AT1～AT12 表示，AT1 精度最高，AT12 精度最低。GB/T 11334—2005《圆锥公差数值》规定了圆锥角公差，如表 7.8 所示。

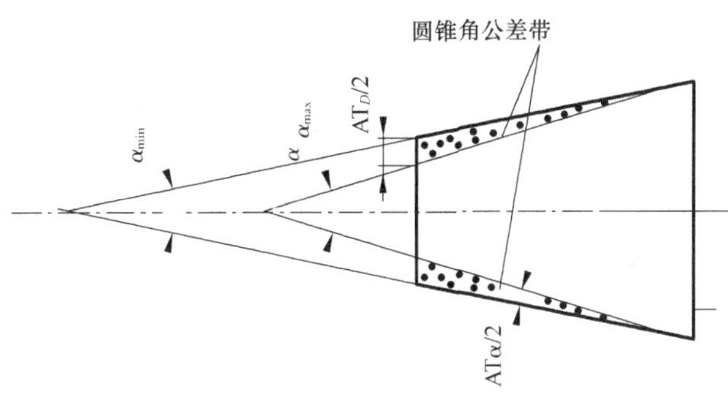

图 7.13　圆锥角公差带

表 7.8　圆锥公差数值(GB/T 11334—2005)

公称圆锥长度 L/mm		圆锥角公差等级								
		AT4			AT5			AT6		
		AT_α		AT_D	AT_α		AT_D	AT_α		AT_D
大于	至	μ(rad)	(′,″)	μm	μ(rad)	(′,″)	μm	μ(rad)	(′,″)	μm
自 6	10	200	41″	>1.3~2.0	315	1′05″	>2.0~3.2	500	1′43″	>3.2~5.0
10	16	160	33″	>1.6~2.5	250	52″	>2.5~4.0	400	1′22″	>4.0~6.3
16	25	125	26″	>2.0~3.2	200	41″	>3.5~5.0	315	1′04″	>5.0~8.0
25	40	100	21″	>2.5~4.0	160	33″	>4.0~6.3	250	52″	>6.3~10.0
40	63	80	16″	>3.2~5.0	125	26″	>5.0~8.0	200	41″	>8.0~12.5
63	100	63	13″	>4.0~6.3	100	21″	>6.3~10.0	160	33″	>10.0~16.0
100	160	50	10″	>5.0~8.0	80	16″	>8.0~12.5	125	26″	>12.5~20.0
160	250	40	8″	>6.3~10.0	63	13″	>10.0~16.0	100	21″	>16.0~25.0
250	400	31.5	6″	>8.0~12.5	50	10″	>12.5~20.0	80	16″	>20.0~32.0
400	600	25	5″	>11.0~16.0	40	8″	>16.0~25.0	63	13″	>25.0~40

公称圆锥长度 L/mm		圆锥角公差等级								
		AT7			AT8			AT9		
		AT_α		AT_D	AT_α		AT_D	AT_α		AT_D
大于	至	μ(rad)	(′,″)	μm	μ(rad)	(′,″)	μm	μ(rad)	(′,″)	μm
自 6	10	800	2′45″	>5.0~8.0	1250	4′18″	>8.0~12.5	2000	6′52″	>12.5~20.0
10	16	630	2′10″	>6.3~10.0	1000	3′26″	>10.0~16.0	1600	5′30″	>16.0~25.0
16	25	500	1′43″	>8.0~12.5	800	2′45″	>12.5~20.0	1250	4′18″	>20.0~32.0
25	40	400	1′22″	>10.0~16.0	630	2′10″	>16.0~25.0	1000	3′26″	>25.0~40.0
40	63	315	1′05″	>12.5~20.0	500	1′43″	>20.0~32.0	800	2′45″	>32.0~50.0
63	100	250	52″	>16.0~25.0	400	1′22″	>25.0~40.0	630	2′10″	>40.0~63.0
100	160	200	41″	>20.0~32.0	315	1′05″	>32.0~50.0	500	1′43″	>50.0~80.0

续表

公称圆锥长度 L/mm		圆锥角公差等级								
		AT7			AT8			AT9		
		AT_α		AT_D	AT_α		AT_D	AT_α		AT_D
大于	至	μ(rad)	(′,″)	μm	μ(rad)	(′,″)	μm	μ(rad)	(′,″)	μm
自 6	10	800	2′45″	>5.0～8.0	1250	4′18″	>8.0～12.5	2000	6′52″	>12.5～20.0
160	250	160	33″	>25.0～40.0	250	52″	>40.0～63.0	400	1′22″	>63.0～100
250	400	125	26″	>32.0～50.0	200	41″	>50.0～80.0	315	1′05″	>80.0～125
400	600	100	21″	>40.0～63.0	160	33″	>63.0～100	250	52″	>100～160

(3)给定截面圆锥直径公差(T_{DS})

给定截面圆锥直径公差 T_{DS} 是指在垂直于圆锥轴线的给定截面内，圆锥直径允许的变动量。它仅适用于给定截面的圆锥直径，如图 7.14 所示。

(4)圆锥的形状公差(T_F)

圆锥的形状公差 T_F 包括素线的直线度公差和圆度公差。T_F 的数值可从国家标准 GB/T 1184—1996《形状和位置公差》中选取。

7.2.2 圆锥尺寸及公差标注

1. 圆锥尺寸标注

锥度在图样上用特定的图形符号和比例来标注，如图 7.15 所示。图形符号的方向应与圆锥母线方向一致。

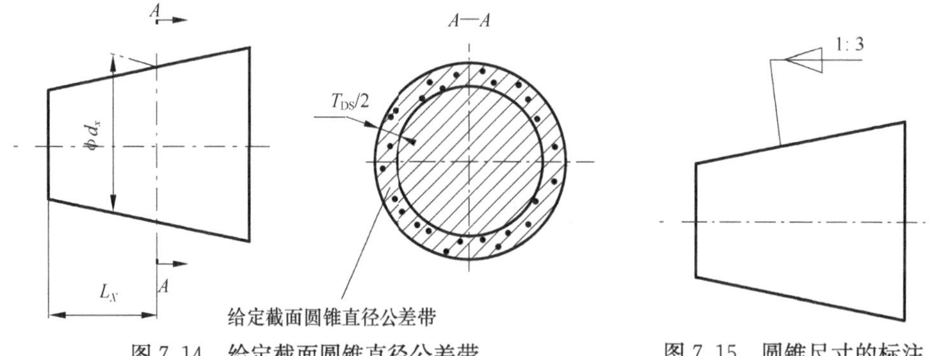

图 7.14 给定截面圆锥直径公差带

图 7.15 圆锥尺寸的标注

在图样上锥度和圆锥角只能标一个，两者不应重复标注。

2. 圆锥公差的标注

GB/T 15754—1995《技术制图　圆锥的尺寸和公差标注》规定，通常圆锥公差应按面轮廓度法标注，如图 7.16 所示。

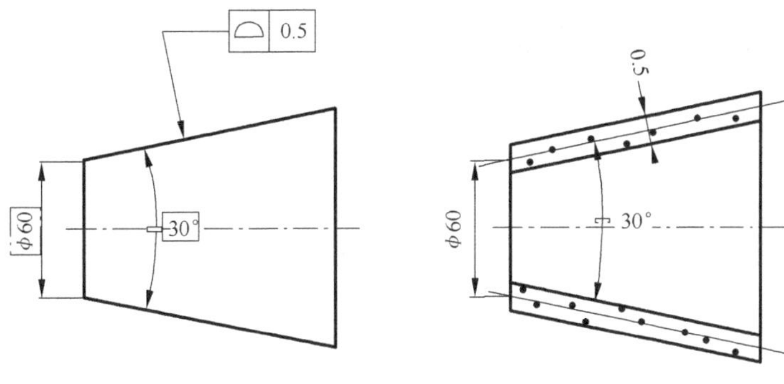

图 7.16　标注示例一

但 GB/T 15754—1995《技术制图　圆锥的尺寸和公差标注》的附录中还规定，也可用基本锥度法和公差锥度法对圆锥公差进行标注。

(1)基本锥度法

基本锥度法通常适用于有配合要求的结构型内、外圆锥。该公差带控制了圆锥直径的大小及圆锥角的偏差，也控制了圆锥面的形状误差，如图 7.17 所示。

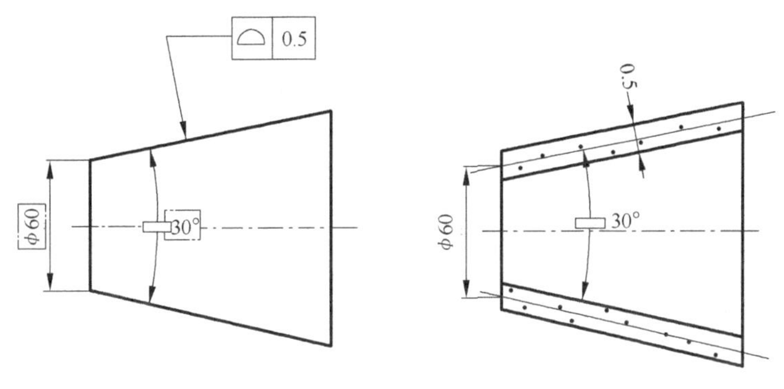

图 7.17　标注示例二

(2)公差锥度法

公差锥度法仅适用于对给定截面圆锥直径有较高要求的圆锥。公差锥度法直接给定圆锥直径公差和圆锥角公差，如图 7.18 所示。

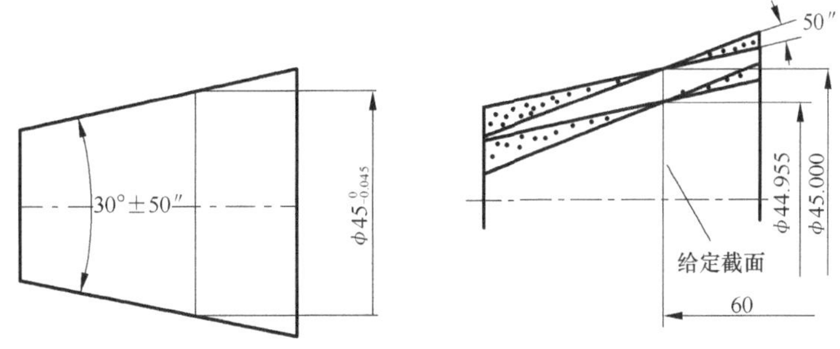

图 7.18　标注示例三

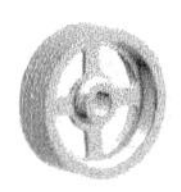

7.2.3　锥度及圆锥角的检测

检测锥度及圆锥角的方法有相对检测法和绝对检测法。

1. 相对检测法

相对检测法是将角度量具与被测角度或锥度相比较,用光隙法或涂色法估计出被测角度或锥度的偏差。

相对检测法常用的角度量具有角度样板、锥度样板、圆锥量规、90°角尺等。

(1)角度样板

角度样板是根据被测角度的两个极限角值制成,有通端和止端。检验角度工件时,当通端角度样板和工件之间光线从角顶到角底逐渐增大,止端角度样板和工件之间光线从角顶到角底逐渐减小时,表明被测角度合格,如图 7.19 所示。

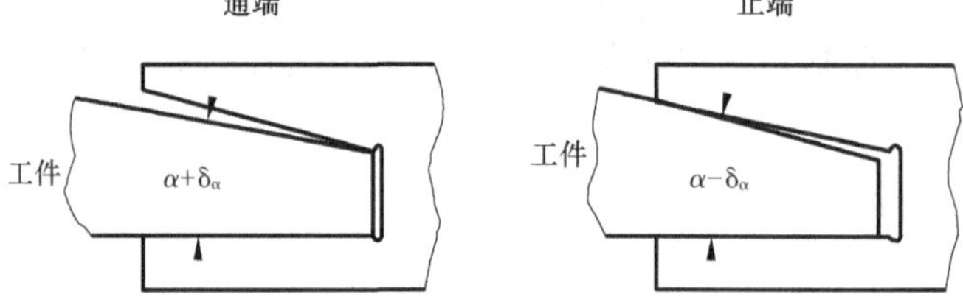

图 7.19　角度样板

(2)锥度样板

锥度样板适合外圆锥的测量。测量时,最小圆锥直径应处在样板的两条刻线间。锥度的准确性可用光隙来判断,如图 7.20 所示。

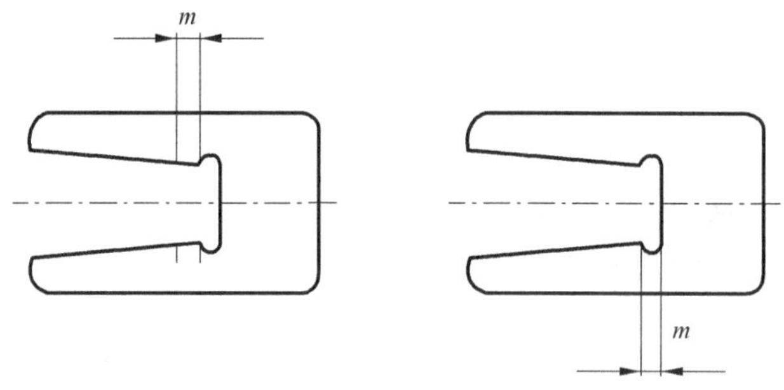

图 7.20　锥度样板

(3)圆锥量规

圆锥量规有圆锥塞规和圆锥环规两种,分别检验内圆锥和外圆锥,如图 7.21 所示。检验工件时,先在沿圆锥量规素线的全长上涂 3～4 条显示剂,然后把圆锥量规与工件对研,观察工件上的着色或圆锥量规上擦掉的痕迹,以此来判断工件是否合格。

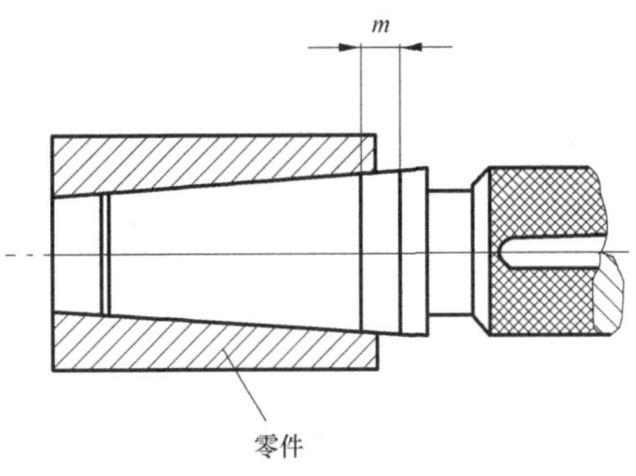

图 7.21 圆锥量规测锥度

(4)90°角尺

90°角尺用于检测直角工件的偏差，观看光隙或用塞尺来确定偏差的大小，如图 7.22 所示。

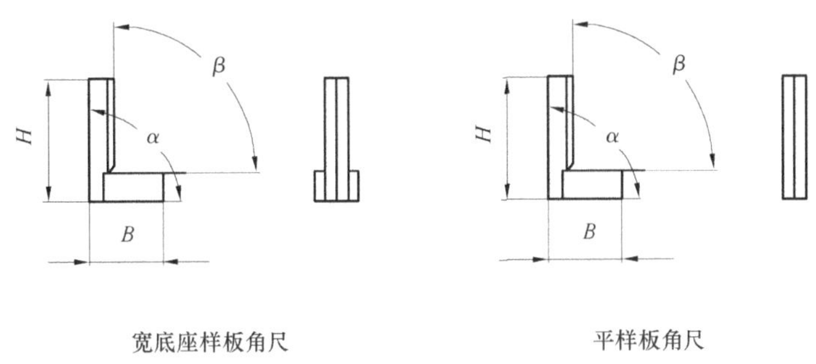

图 7.22 90°角尺检测直角

2. 绝对测量法

绝对测量法是指直接从计量器具上读取被测角度和锥度的数值。生产中常用万能角度尺直接测量工件的角度。

万能角度尺又称角度规、游标角度尺或万能量角器，它利用游标读数原理直接测量工件的角度。其结构如图 7.23 所示。

万能角度尺适合测量 0～320°内任意角度。

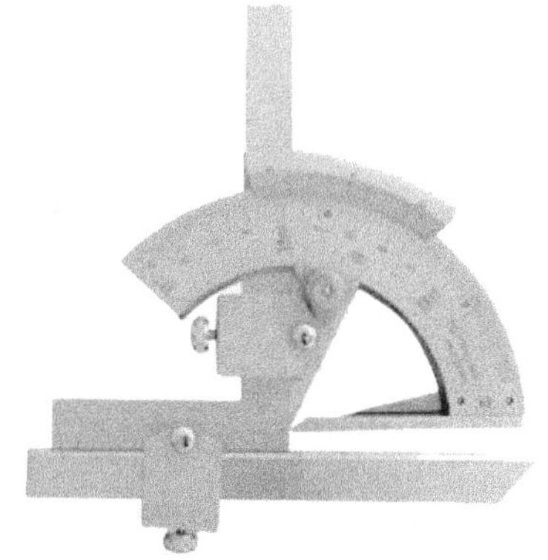

图 7.23 万能角度尺结构

3. 间接测量法

间接测量法通过测量有关的尺寸，再按几何关系算出被测的锥度或角度。常用的量具有正弦规。

正弦规的结构，如图 7.24 所示，由主体工作平面和两个直径相同的圆柱组成，另有侧挡板和

后挡板用于被测零件在主体工作平面上的定位和定向。

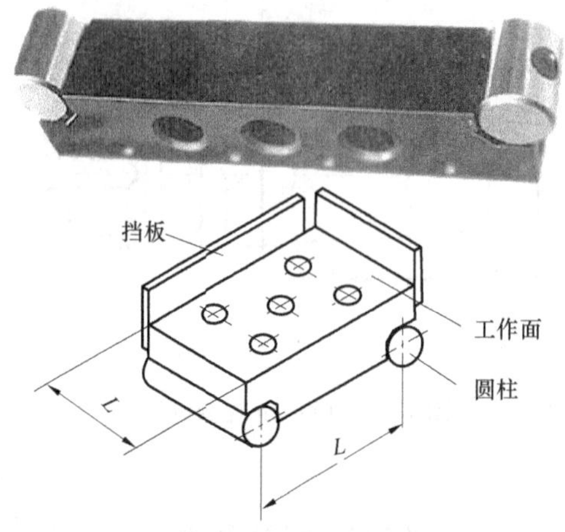

图 7.24　正弦规的结构

正弦规的使用，如图 7.25 所示，将正弦规放在平板上，一圆柱与平板接触，另一圆柱下垫一量块组，使正弦规的工作平面与平板形成一夹角。其关系为

$$\sin\alpha = \frac{h}{L}$$

式中，α——正弦规与平板之间的夹角；

h——量块组的尺寸；

L——正弦规两圆柱间的中心距。

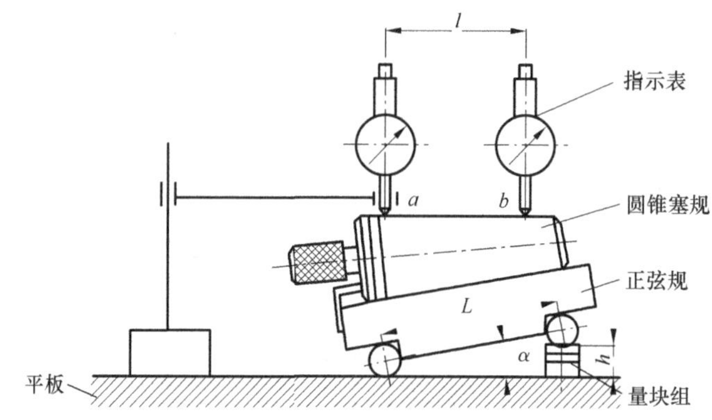

图 7.25　用正弦规检测锥度

用正弦规检测圆锥塞规时，先要根据被测圆锥塞规的基本圆锥角，据 $h=L\cdot\sin\alpha$ 计算出量块组的尺寸，按 h 组合量块组，再按图示方法放置；然后将被测圆锥塞规放在正弦规的工作面上，用千分表分别测量 a、b 两点，计算 a、b 两点读数之差对 a、b 两点间的距离 L 之比即为锥度偏差 Δc，$\Delta c=\frac{|a-b|}{L}$。

7.2.4 实训

1. 用直角尺检测 90°角度

(1)实训目的

1)了解直角尺的种类和原理。

2)掌握直角尺的使用方法。

(2)量具与工件

宽座角尺或刀口角尺、工件。

(3)种类与精度

直角尺也称为 90°角度,通常简称为角尺或靠尺。它主要检测工件的垂直度及相对位置的垂直度,有时也用于划线,其结构形式有宽座形、刀口形、圆柱形、矩形等,其中宽座形为最常用。

直角尺的精度分为 00 级、0 级、1 级、2 级共四个等级,00 级、0 级一般用于检测精密量具,1 级用于检测精密工件,2 级用于检测一般工件。

(4)测量原理

宽座直角尺由一个长边和一个短边构成,两条外边构成 90°直角(外角),两条内边也构成 90°直角(内角)。测量时,角尺的一条边与被测工件的基准面贴紧,另一条边与剩余被测面接触。如图 7.26 所示,根据其接触的情况用光隙法或塞尺判定误差。

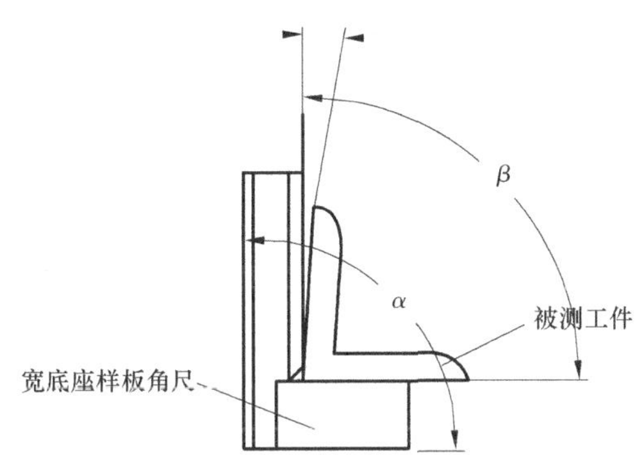

图 7.26 用宽座直角尺检测 90°角度

(5)测量步骤

1)检查工件被测表面有无缺陷并擦拭干净。

2)检查内角时,使用直角尺的两条外边;检查外角时,使用直角尺的两条内边。

3)测量时,直角尺的一条边与被测工件的基准面贴紧,另一条边与剩余被测面接触。靠好后,根据接触情况用光隙法或塞尺检查被测工件是否 90°。

(6)认真填写实训报告

2. 实训二:用万能角度尺检测 0°～320°任意角度

见第四章4.3节。

3. 实训三:用正弦规检测被测塞规

(1)实训目的

1)了解用正弦规检测锥度的原理。

2)掌握用间接测量法测量被测塞规的方法。

(2)量具与工件

正弦规、量块组、指示表、被测塞规、平板。

(3)测量步骤

1)测量时,根据图样上基本圆锥角 α 和正弦尺两圆柱中心距 L,计算量块组尺寸 $h=L\cdot\sin\alpha$。

2)选取量块,组成量块组。

3)根据图 7.26 所示,正确放置正弦规、量块组、指示表、被测塞规。然后在塞规的两端(距离塞规两端面约 3mm 处)取 a、b 两点,用直尺量出 a、b 两点的距离 L。再用指示表在 a、b 分别测出示值。要重复测量两次,然后分别算出 a、b 两次示值的平均值 M_a、M_b。

4)计算圆锥角偏差 $\Delta\alpha$。

$$\Delta\alpha=\frac{|M_a-M_b|}{L}\times 2\times 10^5('')$$

(4)填写实训报告

习 题

1. 影响螺纹互换性的主要因素有哪些?
2. 解释下列螺纹标注的含义:

   M24×2—5h6h　　M20LH—6H—L　　M30—6H/6h—60
3. 普通螺纹的公差带是怎样规定的?
4. 叙述普通螺纹的检测方法。
5. 简述圆锥配合的分类、形式、应用。
6. 圆锥的主要参数有哪些?
7. 圆锥公差包括哪些项目?
8. 检测锥度及圆锥角的方法有哪些?
9. 简述万能角度尺的各种组合方法。

附录　轴、孔的基本偏差数值与极限偏差

附表一　轴的基本偏差数值(μm)

基本尺寸/mm		基本偏差数值																
		上偏差 es												下偏差 ei				
		所有标准公差等级												IT5 和 IT6	IT7	IT8	IT4 至 IT7	≤IT3 >IT7
大于	至	a	b	c	cd	d	e	ef	f	fg	g	h	js	j			k	
—	3	−270	−140	−60	−34	−20	−14	−10	−6	−4	−2	0	偏差 $=\pm\frac{IT_n}{2}$，式中 IT_n 是 IT 值数	−2	−4	6	0	0
3	6	−270	−140	−70	−46	−30	−20	−14	−10	−6	−4	0		−2	−4		+1	0
6	10	−280	−150	−80	−56	−40	−25	−18	−13	−8	−5	0		−2	−5		+1	0
10	14	−290	−150	−95		−50	−32		−16		−6	0		−3	−6		+1	0
14	18																	
18	24	−300	−160	−110		−65	−40		−20		−7	0		−4	−8		+2	0
24	30																	
30	40	−310	−170	−120		−80	−50		−25		−9	0		−5	−10		+2	0
40	50	−320	−180	−130														
50	65	−340	−190	−140		−100	−60		−30		−10	0		−7	−12		+2	0
65	80	−360	−200	−150														
80	100	−380	−220	−170		−120	−72		−36		−12	0		−9	−15		+3	0
100	120	−410	−240	−180														
120	140	−460	−260	−200		−145	−85		−43		−14	0		−11	−18		+3	0
140	160	−520	−280	−210														
160	180	−580	−310	−230														

续表

基本尺寸/mm		基本偏差数值																
		上偏差 es												下偏差 ei				
		所有标准公差等级												IT5 和 IT6	IT7	IT8	IT4 至 IT7	≤IT3 >IT7
大于	至	a	b	c	cd	d	e	ef	f	fg	g	h	js	j			k	
180	200	−660	−340	−240		−170	−100		−50		−15	0	偏差$=\pm\frac{IT_n}{2}$，式中 IT_n 是 IT 值数	−13	−21		+4	0
200	225	−740	−380	−260														
225	250	−820	−420	−280														
250	280	−920	−480	−300		−190	−110		−56		−17	0		−16	−26		+4	0
280	315	−1050	−540	−330														
315	355	−1200	−600	−360		−210	−125		−62		−18	0		−18	−28		+4	0
355	400	−1350	−680	−400														
400	450	−1500	−760	−440		−230	−135		−68		−20	0		−20	−32		+5	0
450	500	−1650	−840	−480														
500	560					−260	−145		−76		−22	0					0	0
560	630																	
630	710					−290	−160		−80		−24	0					0	0
710	800																	
800	900					−320	−170		−86		−26	0					0	0
900	1000																	
1000	1120					−350	−195		−98		−28	0					0	0
1120	1250																	

1250	1400					−390	−220		−110		−30	0	偏差$=\pm\frac{IT_n}{2}$，式中 IT_n 是 IT 值数				0	0
1400	1600																	
1600	1800					−430	−240		−120		−32	0					0	0
1800	2000																	
2000	2240					−480	−260		−130		−34	0					0	0
2240	2500																	
2500	2800					−520	−290		−145		−38	0					0	0
2800	3150																	

基本尺寸/mm		基本偏差数值													
		下偏差 ei													
大于	至	所有标准公差等级													
		m	n	p	r	s	t	u	v	x	y	z	za	zb	zc
—	3	+2	+4	+6	+10	+14		+18		+20		+26	+32	+40	+60
3	6	+4	+8	+12	+15	+19		+23		+28		+35	+42	+50	+80
6	10	+6	+10	+15	+19	+23		+28		+34		+42	+52	+67	+97
10	14	+7	+12	+18	+23	+28		+33		+40		+50	+64	+90	+130
14	18								+39	+45		+60	+77	+108	+150
18	24	+8	+15	+22	+28	+35		+41	+47	+54	+63	+73	+98	+136	+188
24	30						+41	+48	+55	+64	+75	+88	+118	+160	+218
30	40	+9	+17	+26	+34	+43	+48	+60	+68	+80	+94	+112	+148	+200	+274
40	50						+54	+70	+81	+97	+114	+136	+180	+242	+325
50	65	11	+20	+32	+41	+53	+66	+87	+102	+122	+144	+172	+226	+300	+405
65	80				+43	+59	+75	+102	+120	+446	+174	+210	+274	+360	+480

续表

基本尺寸/mm		基本偏差数值													
		下偏差 ei													
		所有标准公差等级													
大于	至	m	n	p	r	s	t	u	v	x	y	z	za	zb	zc
80	100	+13	+23	+37	+51	+71	+91	+124	+146	+178	+214	+258	+335	+445	+585
100	120				+54	+79	+104	+144	+172	+210	+254	+310	+400	+525	+690
120	140	+15	+27	+43	+63	+92	+122	+170	+202	+248	+300	+365	+470	+620	+800
140	160				+65	+100	+134	+190	+228	+280	+340	+415	+535	+700	+900
160	180				+68	+108	+146	+210	+252	+310	+380	+465	+600	+780	+1000
180	200	+17	+31	+50	+77	+122	+166	+236	+284	+350	+425	+520	+670	+880	+1150
200	225				+80	+130	+180	+258	+310	+385	+470	+575	+740	+960	+1250
225	250				+84	+140	+196	+284	+340	+425	+520	+610	+820	+1050	+1350
250	280	+20	+34	+56	+94	+158	+218	+315	+385	+475	+580	+710	+920	+1200	+1550
280	315				+98	+170	+240	+350	+425	+525	+650	+790	+1000	+1300	+1700
315	355	+21	+37	+62	+108	+190	+268	+390	+475	+590	+730	+900	+1150	+1500	+1900
355	400				+114	+208	+294	+435	+530	+660	+820	+1000	+1300	+1650	+2100
400	450	+23	+40	+68	+126	+232	+330	+490	+595	+740	+920	+1100	+1450	+1850	+2400
450	500				+132	+252	+360	+540	+660	+820	+1000	+1250	+1600	+2100	+2600
500	560	+26	+44	+78	+150	+280	+400	+600							
560	630				+155	+310	+450	+660							
630	710	+30	+50	+88	+175	+340	+500	+740							
710	800				+185	+380	+560	+840							

800	900	+34	+56	+100	+210	+430	+620	+940						
900	1000				+220	+470	+680	+1050						
	1120	40	+66	+120	+250	+520	+780	+1150						
1120	1250				+260	+580	+840	+1300						
1250	1400	+48	+78	+140	+300	+640	+960	+1450						
1400	1600				+330	+720	1050	+1600						
1600	1800	+58	+92	+170	+370	+820	+1200	+1850						
1800	2000				+400	+920	+1350	+2000						
2000	2240	+68	+110	+195	+440	+1000	+1500	+2300						
2240	2500				+460	+1100	+1650	+2500						
2500	2800	+76	+135	+240	+550	+1250	+1900	+2900						
2800	3150				+580	+1400	+2100	+3200						

注：1）基本尺寸小于或等于 1mm 时，基本偏差 a 和 b 均不采用。

2）公差带 js7 至 js11，若 IT_n 值数是奇数，则取偏差 $=\pm\frac{IT_n-1}{2}$。

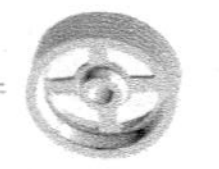

附表二　孔的基本偏差数值(μm)

基本尺寸/mm		基本偏差数值																					
		下偏差 EI												下偏差 ES									
		所有标准公差等级												IT6	IT7	IT8	≤IT8	>IT8	≤IT8	>IT8	≤IT8	>IT8
大于	至	A	B	C	CD	D	E	EF	F	FG	G	H	JS	J			K		M		N	
—	3	+270	140	+60	+34	+20	+14	+10	+6	+4	+2	0	偏差=$\pm\frac{IT_n}{2}$，式中IT_n是IT值数	+2	+4	+6	0	0	−2	−2	−4	−4
3	6	+270	+140	+70	+46	+30	+20	+14	+10	+6	+4	0		+5	+6	+10	−1+Δ		−4+Δ	−4	−8+Δ	0
6	10	+280	+150	+80	+56	+40	+25	+18	+13	+8	+5	0		+5	+8	+12	−1+Δ		−6+Δ	−6	−10+Δ	0
10	14	+290	+150	+95		+50	+32		+16		+6	0		+6	+10	+15	−1+Δ		−7+Δ	−7	−12+Δ	0
14	18																					
18	24	+300	+160	+110		+65	+40		+20		+7	0		+8	+12	+20	−2+Δ		−8+Δ	−8	−15+Δ	0
24	30																					
30	40	+310	+170	+120		+80	+50		+25		+9	0		+10	+14	+24	−2+Δ		−9+Δ	−9	−17+Δ	0
40	50	+320	+180	+130																		
50	65	+340	+190	+140		+100	+60		+30		+10	0		+13	+18	+28	−2+Δ		−11+Δ	−11	−20+Δ	0
65	80	+360	+200	+150																		
80	100	+380	+220	+170		+120	+72		+36		+12	0		+16	+22	+34	−3+Δ		−13+Δ	−13	−23+Δ	0
100	120	+410	+240	+180																		
120	140	+460	+260	+200		+145	+85		+43		+14	0		+18	+26	+41	−3+Δ		−15+Δ	−15	−27+Δ	0
140	160	+520	+280	+210																		
160	180	+580	+310	+230																		
180	200	+660	+340	+240		+170	+100		+50		+15	0		+22	+30	+47	−4+Δ		−17+Δ	−17	−31+Δ	0
200	225	+740	+380	+260																		

225	250	+820	+420	+280		+170	+100		+50		+15	0	偏差= $\pm\frac{IT_n}{2}$，式中 IT_n 是IT值数	+22	+30	+47	−4+Δ		−17+Δ	−17	−31+Δ	0
250	280	+920	+480	+300		+190	+110		+56		+17	0		+25	+36	+55	−4+Δ		−20+Δ	−20	−34+Δ	0
280	315	+1050	+540	+330																		
315	355	+1200	+600	+360		+210	+125		+62		+18	0		+29	39	+60	−4+Δ		−21+Δ	−21	−37+Δ	0
355	400	+1350	+680	+400																		
400	450	+1500	+760	+440		+230	+135		+68		+20	0		+33	+43	+66	−5+Δ		−23+Δ	−23	−40+Δ	0
450	500	+1650	+840	+480																		
500	560					+260	+145		+76		+22	0					0		−26		−44	
560	630																					
630	710					+290	+160		+80		+24	0					0		−30		−50	
710	800																					
800	900					+320	+170		+86		+26	0					0		−34		−56	
900	1000																					
1000	1120					+350	−195		+98		+28	0					0		−40		−66	
1120	1250																					
1250	1400					+390	+220		+110		+30	0					0		−48		−78	
1400	1600																					
1600	1800					+430	+240		+120		+32	0					0		−58		−92	
1800	2000																					
2000	2240					+480	+260		+130		+34	0					0		−68		−110	
2240	2500																					
2500	2800					+520	+290		+145		+38	0					0		−76		−135	
2800	3150																					

续表

基本尺寸/mm		基本偏差数值 上偏差ES													Δ值					
		≤IT7	标准公差等级大于IT7												标准公差等级					
大于	至	P至ZC	P	R	S	T	U	V	X	Y	Z	ZA	ZB	ZC	IT3	IT4	IT5	IT6	IT7	IT8
—	3	在大于IT7的相应数值上增加一个Δ值	−6	−10	−14		−18		−20		−26	−32	−40	−60	0	0	0	0	0	0
3	6		−12	−15	−19		−23		−28		−35	−42	−50	−80	1	1.5	1	3	4	6
6	10		−15	−19	−23		−28		−34		−42	−52	−67	−97	1	1.5	2	3	6	7
10	14		−18	−23	−28		−33		−40		−50	−64	−90	−130	1	2	3	3	7	9
14	18							−39	−45		−60	−77	−108	−150						
18	24		−22	−28	−35		−41	−47	−54	−63	−73	−98	−136	−188	1.5	2	3	4	8	12
24	30					−41	−48	−55	−64	−75	−88	−118	−160	−218						
30	40		−26	−34	−43	−48	−60	−68	−80	−94	−112	−148	−200	−274	1.5	3	4	5	9	14
40	50					−54	−70	−81	−97	−114	−136	−180	−242	−325						
50	65		−32	−41	−53	−66	−87	−102	−122	−144	−172	−226	−300	−405	2	3	5	6	11	16
65	80			−43	−59	−75	−102	−120	−146	−174	−210	−274	−360	−480						
80	100		−37	−51	−71	−91	−124	−146	−178	−214	−258	−335	−445	−585	2	4	5	7	13	19
100	120			−54	−79	−104	−144	−172	−210	−254	−310	−400	−525	−690						
120	140		−43	−63	−92	−122	−170	−202	−248	−300	−365	−470	−620	−800	3	4	6	7	15	23
140	160			−65	−100	−134	−190	−228	−280	−340	−415	−535	−700	−900						
160	180			−68	−108	−146	−210	−252	−310	−380	−465	−600	−780	−1000						
180	200		−50	−77	−122	−166	−236	−284	−350	−425	−520	−670	−880	−1150	3	4	6	9	17	26
200	225			−80	−130	−180	−258	−310	−385	−470	−575	−740	−960	−1250						
225	250			−84	−140	−196	−284	−340	−425	−520	−640	−820	−1050	−1350						
250	280		−56	−94	−158	−218	−315	−385	−475	−580	−710	−920	−1200	−1550	4	4	7	9	20	29
280	315			−98	−170	−240	−350	−425	−525	−650	−790	−1000	−1300	−1700						

315	355	在大于IT7的相应数值上增加一个Δ值	−62	−108	−190	−268	−390	−475	−590	−730	−900	−1150	−1500	−1900	4	5	7	11	21	32
355	400			−114	−208	−294	−435	−530	−660	−820	−1000	−1300	−1650	−2100						
400	450		−68	−126	−232	−330	−490	−595	−740	−920	−1100	−1450	−1850	−2400	5	5	7	13	23	34
450	500			−132	−252	−360	−540	−660	−820	−1000	−1250	−1600	−2100	−2600						
500	560		−78	−150	−280	−400	−600													
560	630			−155	−310	−450	−660													
630	710		−88	−175	−340	−500	−740													
710	800			−185	−380	−560	−840													
800	900		−100	−210	−430	−620	−940													
900	1000			−220	−470	−680	−1050													
1000	1120		−120	−250	−520	−780	−1150													
1120	1250			−260	−580	−840	−1300													
1250	1400		−140	−300	−640	−960	−1450													
1400	1600			−330	−720	−1050	−1600													
1600	1800		−170	−370	−820	−1200	−1850													
1800	2000			−400	−920	−1350	−2000													
2000	2240		−95	−440	−1000	−1500	−2300													
2240	2500			−460	−1100	−1650	−2500													
2500	2800		−240	−550	−1250	−1900	−2900													
2800	3150			−580	−1400	−2100	−3200													

注:1)基本尺寸小于或等于1mm时,基本偏差A和B及大于IT8的N均不采用。

2)公差带JS7至JS11,若IT_n值数是奇数,则取偏差$=\pm\frac{IT_n-1}{2}$。

3)对小于或等于IT8的K、M、N和小于或等于IT7的P至ZC,所需Δ值从表内右侧选取。

例如:18～30mm段的K7:Δ=8μm,所以ES=−2+8=+6μm

18～30mm段的S6:Δ=4μm,所以ES=−35+4=−31μm

4)特殊情况:250～315mm段的M6,ES=−9μm(代替−11μm)。

附表三　轴的极限偏差（μm）

基本尺寸/mm		公差带														
		a					b					c				
大于	至	9	10	11	12	13	9	10	11	12	13	8	9	10	11	12
—	3	−270 −295	−270 −310	−270 −330	−270 −370	−270 −410	−140 −165	−140 −180	−140 −200	−140 −240	−140 −280	−60 −74	−60 −85	−60 −100	−60 −120	−60 −160
3	6	−270 −300	−270 −318	−270 −345	−270 −390	−270 −450	−140 −170	−140 −188	−140 −215	−140 −260	−140 −320	−70 −88	−70 −100	−70 −118	−70 −145	−70 −190
6	10	−280 −316	−280 −338	−280 −370	−280 −430	−280 −500	−150 −186	−150 −208	−150 −240	−150 −300	−150 −370	−80 −102	−80 −116	−80 −138	−80 −170	−80 −220
10 14	14 18	−290 −333	−290 −360	−290 −400	−290 −470	−290 −560	−150 −193	−150 −220	−150 −260	−150 −330	−150 −420	−95 −122	−95 −138	−95 −165	−95 −205	−95 −275
18 24	24 30	−300 −352	−300 −384	−300 −430	−300 −510	−300 −630	−160 −212	−160 −244	−160 −290	−160 −370	−160 −490	−110 −143	−110 −162	−110 −194	−110 −240	−110 −320
30	40	−310 −372	−310 −410	−310 −470	−310 −560	−310 −700	−170 −232	−170 −270	−170 −330	−170 −420	−170 −560	−120 −159	−120 −182	−120 −220	−120 −280	−120 −370
40	50	−320 −382	−320 −420	−320 −480	−320 −570	−320 −710	−180 −242	−180 −280	−180 −340	−180 −430	−180 570	−130 −169	−130 −192	−130 −230	−130 −290	−130 −380
50	65	−340 −414	−340 −460	−340 −530	−340 −640	−340 −800	−190 −264	−190 −310	−190 −380	−190 −490	−190 −650	−140 −186	−140 −214	−140 −260	−140 −330	−140 −440
65	80	−360 −434	−360 −480	−360 −550	−360 −660	−360 −820	−200 −274	−200 320	−200 −390	−200 −500	−200 −660	−150 −196	−150 −224	−150 −270	−150 −340	−150 −450
80	100	−380 −467	−380 −520	−380 −600	−380 −730	−380 −920	−220 −307	−220 −360	−220 −440	−220 −570	−220 −760	−170 −224	−170 −257	−170 −310	−170 −390	−170 −520

100	120	−410 −497	−410 −550	−410 −630	−410 −760	−410 −950	−240 −327	−240 −380	−240 −460	−240 −590	−240 −780	−180 −234	−180 −267	−180 −320	−180 −400	−180 −530
120	140	−460 −560	−460 −620	−460 −710	−460 −860	−460 −1090	−260 −360	−260 −420	−260 −510	−260 −660	−260 −890	−200 −263	−200 −300	−200 −360	−200 −450	−200 −600
140	160	−520 −620	−520 −680	−520 −770	−520 −920	−520 −1150	−280 −380	−280 −440	−280 −530	−280 −680	−280 −910	−210 −273	−210 310	−210 −370	−210 −460	−210 −610
160	180	−580 −680	−580 −740	−580 −830	−580 −930	−580 −1210	−310 −410	−310 −470	−310 −560	−310 −710	−310 −940	−230 −293	−230 −330	−230 −390	−230 −480	−230 −630
180	200	−660 −775	−660 −845	−660 −950	−660 −1120	−660 −1380	−340 −455	−340 −525	−340 −630	−340 −800	−340 −1060	−240 −312	−240 −355	−240 −425	−240 −530	−240 −700
200	225	−740 −855	−740 −925	−740 −1030	−740 −1200	−740 −1460	−380 −495	−380 −565	−380 −670	−380 −840	−380 −1100	−260 −332	−260 −375	−260 −445	−260 −550	−260 −720
225	250	−820 −935	−820 −1005	−820 −1110	−820 −1280	−820 −1540	−420 −535	−420 −605	−420 −710	−420 −880	−420 −1140	−280 −352	−280 −395	−280 −465	−280 −570	−280 −740
250	280	−920 −1050	−920 −1130	−920 −1240	−920 −1440	−920 −1730	−480 −610	−480 −690	−480 −800	−480 −1000	−480 −1290	−300 −381	−300 −430	−300 −510	−300 620	−300 −820
280	315	−1050 −1180	−1050 −1260	−1050 −1370	−1050 −1570	−1050 −1860	−540 −670	−540 −750	−540 −860	−540 −1060	−540 −1350	−330 −411	−330 −460	−330 −540	−330 −650	−330 −850
315	355	−1200 −1340	−1200 −1430	−1200 −1560	−1200 −1770	−1200 −2090	−600 −740	−600 −830	−600 −960	−600 −1170	−600 −1490	−360 −449	−360 −500	−360 −590	−360 −720	−360 −930
355	400	−1350 −1490	−1350 −1580	−1350 −1710	−1350 −1920	−1350 −2240	−680 −820	−680 −910	−680 −1040	−680 −1250	−680 −1570	−400 −489	−400 −540	−400 −630	−400 −760	−400 −970
400	450	−1500 −1655	−1500 −1750	−1500 −1900	−1500 −2130	−1500 −2470	−760 −915	−760 −1010	−760 −1160	−760 −1390	−760 −1730	−440 −537	−440 −595	−440 −690	−440 −840	−440 −1070
450	500	−1650 −1805	−1650 −1900	−1650 −2050	−1650 −2280	−1650 −2620	−840 −995	−840 −1090	−840 −1240	−840 −1470	−840 −1810	−480 −577	−480 −635	−480 −730	−480 −880	−480 −1110

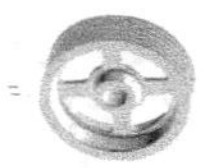

续表

基本尺寸/mm		公差带													
		c	d					e					f		
大于	至	13	7	8	9	10	11	6	7	8	9	10	5	6	7
—	3	−60 −200	−20 −30	−20 −34	−20 −45	−20 −60	−20 −80	−14 −20	−14 −24	−14 −28	−14 −39	−14 −54	−6 −10	−6 −12	−6 −16
3	6	−70 −250	−30 −42	−30 −48	−30 −60	−30 −78	−30 −105	−20 −28	−20 −32	−20 −38	−20 −50	−20 −68	−10 −15	−10 −18	−10 −22
6	10	−80 −300	−40 −55	−40 −62	−40 −76	−40 −98	−40 −130	−25 −34	−25 −40	−25 −47	−25 −61	−25 −83	−13 −19	−13 −22	−13 −28
10	14	−95 −365	−50 −68	−50 −77	−50 −93	−50 −120	−50 −160	−32 −43	−32 −50	−32 −59	−32 −75	−32 −102	−16 −24	−16 −27	−16 −34
14	18														
18	24	−110 −440	−65 −86	−65 −98	−65 −117	−65 −149	−65 −195	−40 −53	−40 −61	−40 −73	−40 −92	−40 −124	−20 −29	−20 −33	−20 −41
24	30														
30	40	−120 −510	−80 −105	−80 −119	−80 −142	−80 −180	−80 −240	−50 −66	−50 −75	−50 −89	−50 −112	−50 −150	−25 −36	−25 −41	−25 −50
40	50	−130 −520													
50	65	−140 −600	−100 −130	−100 −146	−100 −174	−100 −220	−100 −290	−60 −79	−60 −90	−60 −106	−60 −134	−60 −180	−30 −43	−30 −49	−30 −60
65	80	−150 −610													
80	100	−170 710	−120 −155	−120 −174	−120 −207	−120 −260	−120 −340	−72 −94	−72 −107	−72 −126	−72 −159	−72 −212	−36 −51	−36 −58	−36 −71
100	120	−180 −720													

120	140	−200 −830	−145 −185	−145 −208	−145 −245	−145 −305	−145 −395	−85 −110	−85 −125	−85 −148	−85 −185	−85 −245	−43 −61	−43 −68	−43 −83
140	160	−210 −840													
160	180	−230 −860													
180	200	−240 −960	−170 −216	−170 −242	−170 −285	−170 −355	−170 −460	−100 −129	−100 −146	−100 −172	−100 −215	−100 −285	−50 −70	−50 −79	−50 −96
200	225	−260 −980													
225	250	−280 −1000													
250	280	−300 −1110	−190 −242	−190 −271	−190 −320	−190 −400	−190 −510	−110 −142	−110 −162	−110 −191	−110 −240	−110 −320	−56 −79	−56 −88	−56 −108
280	315	−330 −1140													
315	355	−360 −1250	−210 −267	−210 −299	−210 −350	−210 −440	−210 −570	−125 −161	−125 −182	−125 −214	−125 −265	−125 −355	−62 −87	−62 −98	−62 −119
355	400	−400 −1290													
400	450	−440 −1410	−230 −293	−230 −327	−230 −385	−230 −480	−230 −630	−135 −175	−135 −198	−135 −232	−135 −290	−135 −385	−68 −95	−68 −108	−68 −131
450	500	−480 −1450													

续表

基本尺寸/mm		公差带												
		f		g					h					
大于	至	8	9	4	5	6	7	8	1	2	3	4	5	6
—	3	−6 −20	−6 −31	−2 −5	−2 −6	−2 −8	−2 −12	−2 −16	0 −0.8	0 −1.2	0 −2	0 −13	0 −4	0 −6
3	6	−10 −28	−10 −40	−4 −8	−4 −9	−4 −12	−4 −16	−4 −22	0 −1	0 −1.5	0 −2.5	0 −3	0 −5	0 −8
6	10	−13 −15	−13 −49	−5 −9	−5 −11	−5 −14	−5 −20	−5 −27	0 −1	0 −1.5	0 −2.5	0 −4	0 −6	0 −9
10	14	−16 −43	−16 −59	−6 −11	−6 −14	−6 −17	−6 −24	−6 −33	0 1.2	0 −2	0 −3	0 −5	0 −8	0 −11
14	18													
18	24	−20 −53	−20 −72	−7 −13	−7 −16	−7 −20	−7 −28	−7 −40	0 −1.5	0 −2.5	0 −4	0 −6	0 −9	0 −13
24	30													
30	40	−25 −64	−25 −87	−9 −16	−9 −20	−9 −25	−9 −34	−9 −48	0 1.5	0 −2.5	0 −4	0 −7	0 −11	0 −16
40	50													
50	65	−30 −76	−30 −104	−10 −18	−10 −23	−10 −29	−10 −40	−10 −50	0 −2	0 −3	0 −5	0 −8	0 −13	0 −19
65	80													
80	100	−36 −90	−36 −123	−12 −22	−12 −27	−12 −34	−12 −47	−12 −66	0 −2.5	0 −4	0 −6	0 −10	0 −15	0 −22
100	120													
120	140	−43 −106	−43 −143	−14 −26	−14 −32	−14 −39	−14 −54	−14 −77	0 −3.5	0 −5	0 −8	0 −12	0 −18	0 −25
140	160													
160	180													

180	200	−50 −122	−50 −165	−15 −29	−15 −35	−15 −41	−15 −61	−15 −87	0 −4.5	0 −7	0 −10	0 −14	0 −20	0 −29
200	225													
225	250													
250	280	−56 −137	−56 −186	−17 −33	−17 −40	−17 −49	−17 −69	−17 −98	0 −6	0 −8	0 −12	0 −16	0 −23	0 −32
280	315													
315	355	−62 −151	−62 −202	−18 −36	−18 −43	−18 −54	−18 −75	−18 −107	0 −7	0 −9	0 −13	0 −18	0 −25	0 −36
355	400													
400	450	−68 −165	−68 −223	−20 −40	−20 −47	−20 −60	−20 −83	−20 −117	0 −8	0 −10	0 −15	0 −20	0 −27	0 −40
450	500													

基本尺寸/mm		公差带												
		h							j			js		
大于	至	7	8	9	10	11	12	13	5	6	7	1	2	3
—	3	0 −10	0 −14	0 −25	0 −40	0 −60	0 −100	0 −140	—	+4 −2	+6 −4	±0.4	±0.6	±1
3	6	0 −12	0 −18	0 −30	0 −48	0 −75	0 −120	0 −180	+3 −2	+6 −2	+8 −4	±0.5	±0.75	±1.25
6	10	0 −15	0 −22	0 −30	0 −58	0 −90	0 −150	0 −220	+4 −2	+7 −2	+10 −5	±0.5	±0.75	±1.25
10	14	0 −18	0 −27	0 −43	0 −70	0 −110	0 −180	0 −270	+5 −3	+8 −3	+12 −6	±0.6	±1	±1.5
14	18													
18	24	0 −21	0 −33	0 −52	0 −84	0 −130	0 −210	0 −330	+5 −4	+9 −4	+13 −8	±0.75	±1.25	±2
24	30													
30	40	0 −25	0 −39	0 −62	0 −100	0 −160	0 −250	0 −390	+6 −5	+11 −5	+15 −10	±0.75	±1.25	±2
40	50													

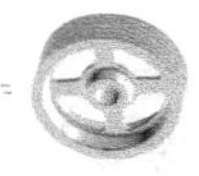

续表

基本尺寸/mm		公差带												
		h							j			js		
大于	至	7	8	9	10	11	12	13	5	6	7	1	2	3
50	65	0 −30	0 −46	0 −74	0 −120	0 −190	0 −300	0 −460	+6 −7	+12 −7	+18 −12	±1	±1.5	±2.5
65	80													
80	100	0 −35	0 −54	0 −87	0 −140	0 −220	0 −350	0 −540	+6 −9	+13 −9	+20 −15	±1.25	±2	±3
100	120													
120	140	0 −40	0 −63	0 −100	0 −160	0 −250	0 −400	0 −630	+7 −11	+14 −11	+22 −18	±1.75	±2.5	±4
140	160													
160	180													
180	200	0 −46	0 −72	0 −115	0 −185	0 −290	0 −460	0 −720	+7 −13	+16 −13	+25 −21	±2.25	±3.5	±5
200	225													
225	250													
250	280	0 −52	0 −81	0 −130	0 −210	0 −320	0 −520	0 −810	+7 −16	—	—	±3	±4	±6
280	315													
315	355	0 −57	0 −89	0 −140	0 −230	0 −360	0 −570	0 −890	+7 −18	—	+29 −28	±3.5	±4.5	±6.5
355	400													
400	450	0 −63	0 −97	0 −155	0 −250	0 −400	0 −630	0 −970	+7 −20	—	+31 −32	±4	±5	±7.5
450	500													

基本尺寸/mm		公差带											
		js										k	
大于	至	4	5	6	7	8	9	10	11	12	13	4	5
—	3	±1.5	±2	±3	±5	±7	±12	±20	±30	±50	±70	+3 0	+4 0

3	6	±2	±2.5	±4	±6	±9	±15	±24	±37	±60	±90	+5 +1	+6 +1
6	10	±2	±3	±4.5	±7	±11	±18	±29	±45	±75	±110	+5 +1	+7 +1
10 14	14 18	±2.5	±4	±5.5	±9	±13	±21	±35	±55	±90	±135	+6 +1	+9 +1
18 24	24 30	±3	±4.5	±6.5	±10	±16	±26	±42	±65	±105	±165	+8 +2	+11 +2
30 40	40 50	±3.5	±5.5	±3	±12	±19	±31	±50	±80	±125	±195	+9 +2	+13 +2
50 65	65 80	±4	±6.5	±9.5	±15	±23	±37	±60	±95	±150	±230	+10 +2	+15 +2
80 100	100 120	±5	±7.5	±11	±17	±27	±43	±70	±110	±175	±270	+13 +3	+18 +3
120 140 160	140 160 180	±6	±9	±12.5	±20	±31	±50	±80	±125	±200	±315	+15 +3	+21 3
180 200 225	200 225 250	±7	±10	±14.5	±23	±36	±57	±92	±145	±230	±360	+18 +4	+24 +4
250 280	280 315	±8	±11.5	±16	±26	±40	±65	±105	±160	±200	±405	+20 +4	+27 4
315 355	355 400	±9	±12.5	±18	±28	±44	±70	±115	±180	±285	±445	+22 4	+29 4
400 450	450 500	±10	±13.5	±20	±31	±48	±77	±125	±200	±315	±485	+25 5	+32 +5

续表

基本尺寸/mm		公差带												
		k			m					n				
大于	至	6	7	8	4	5	6	7	8	4	5	6	7	8
—	3	+6 0	+10 0	+14 0	+5 +2	+6 +2	+8 +2	+12 +2	+16 +2	+7 +4	+8 +4	+10 +4	+14 +4	+18 4
3	6	+9 +1	+13 +1	+18 0	+8 +4	+9 +4	+12 +4	+16 +4	+22 +4	+12 +8	+13 +8	+16 +8	+20 +8	+26 +8
6	10	+10 1	+16 1	+22 0	+10 6	+12 6	+15 6	+21 6	+28 6	+14 +10	+16 10	+19 10	+25 10	+32 10
10	14	+12 +1	+19 +1	+27 0	+12 +7	+15 +7	+18 +7	+25 +7	+34 +7	+17 +12	+20 +12	+23 +12	+30 +12	+39 +12
14	18													
18	24	+15 +2	+23 +2	+33 0	+14 +8	+17 +8	+21 8	+29 +8	+41 +8	+21 +15	+24 +15	+28 +15	+36 +15	+48 +15
24	30													
30	40	+18 +2	+27 +2	+39 0	+16 +9	+20 9	+25 9	+34 +9	+48 +9	+24 +17	+28 +17	+33 +17	+42 +17	+56 +17
40	50													
50	65	+21 +2	+32 +2	+46 0	+19 +11	+24 +11	+30 +11	+41 +11	+57 +11	+28 +20	+33 +20	+39 +20	+50 +20	+66 +20
65	80													
80	100	+25 3	+38 +3	+54 0	+23 +13	+28 +13	+35 +13	+48 +13	+67 +13	+33 +13	+38 +23	+45 +23	+58 +23	+77 +23
100	120													
120	140	+28 +3	+43 +3	+63 0	+27 +15	+33 +15	+40 +15	+55 +15	+78 +15	+39 +27	+45 +27	+52 +27	+67 27	+90 +27
140	160													
160	180													

180	200	+33 +4	+50 +4	+72 0	+31 +17	+37 17	+46 +17	+63 +17	+89 +17	+45 +31	+51 +31	+60 +31	+77 +31	+103 +31
200	225													
225	250													
250	280	+36 +4	+56 +4	+81 0	+36 +20	+43 +20	+52 +20	+72 +20	+101 +20	+50 +34	+57 +34	+66 +34	+86 +34	+115 +34
280	315													
315	355	+40 4	+61 4	+89 0	+39 +21	+46 +21	+57 +21	+78 +21	+110 +21	+55 +37	+62 +37	+73 +37	+94 +37	+126 +37
355	400													
400	450	+45 +5	+68 +5	+97 0	+43 +23	+50 +23	+63 +23	+86 +23	+120 +23	+60 +40	+67 +40	+80 +40	+103 +40	+137 +40
450	500													

基本尺寸/mm		公差带												
		p					r					s		
大于	至	4	5	6	7	8	4	5	6	7	8	4	5	6
—	3	+9 +6	+10 +6	+12 +6	+16 +6	+20 +6	+13 +10	+14 +10	+16 +10	+20 +10	+24 +10	+17 +14	+18 +14	+20 +14
3	6	+16 +12	+17 +12	+20 +12	+24 +12	+30 +12	+19 +15	+20 +15	+23 +15	+27 +15	+33 +15	+23 +19	+24 +19	+27 +19
6	10	+19 +15	+21 +15	+24 +15	+30 +15	+37 +15	+23 +19	+25 +19	+28 +19	+34 +19	+41 +19	+27 +23	+29 +23	+32 +23
10	14	+23 +18	+26 +18	+29 +18	+36 +18	+45 +18	+28 +23	+31 +23	+34 +23	+41 +23	+50 +23	+23 +28	+36 +28	+39 +28
14	18													
18	24	+28 +22	+31 +22	+35 +22	+43 +22	+55 +22	+34 +28	+37 +28	+41 +28	+49 +28	+61 +28	+41 +35	+44 +35	+48 +35
24	30													
30	40	+33 +26	+37 +26	+42 +26	+51 +26	+65 +26	+41 +34	+45 +34	+50 +34	+59 +34	+73 +34	+50 +43	+54 +43	+59 +43
40	50													

续表

基本尺寸/mm		公差带												
		p					r					s		
大于	至	4	5	6	7	8	4	5	6	7	8	4	5	6
50	65	+40 +32	+45 +32	+51 +32	+62 +32	+78 +32	+49 +41	+54 +41	+60 +41	+71 +41	+87 +41	+61 +53	+66 +53	+72 +53
65	80						+51 +43	+56 +43	+62 +43	+73 +43	+89 +43	+67 +59	+72 +59	+78 +59
80	100	+47 +37	+52 +37	+59 +37	+72 +37	+91 +37	+61 +51	+66 +51	+73 +51	+86 +51	+105 +51	+81 +71	+86 +71	+93 +71
100	120						+64 +54	+69 +54	+76 +54	+89 +54	+108 +54	+89 +79	+94 +79	+101 +79
120	140	+55 +43	+61 +43	+68 +43	+73 +43	+100 +43	+75 +63	+81 +63	+88 +63	+103 +63	+126 +63	+104 +92	+110 +92	+117 +92
140	160						+77 +65	+83 +65	+90 +65	+105 +65	+128 +65	+112 +100	+118 +100	+125 +100
160	180						+80 +68	+86 +68	+93 +68	+108 +68	+131 +68	+120 +108	+126 +108	+133 +108
180	200	+64 +50	+70 +50	+79 +50	+96 +50	+122 +50	+91 +77	+97 +77	+106 +77	+123 +77	+149 +77	+136 +122	+142 +122	+151 +122
200	225						+94 +80	+100 +80	+109 +80	+126 +80	+152 +80	+144 +130	+150 +130	+159 +130
225	250						+98 +84	+104 +84	+113 +84	+130 +84	+156 +84	+154 +140	+160 +140	+169 +140

250	280	+72 +56	+79 +56	+88 +56	+108 +56	+137 +56	+110 +94	+117 +94	+126 +94	+146 +94	+175 +94	+174 +158	+181 +158	+190 +158
280	315						+114 +98	+121 +98	+130 +98	+150 +98	+179 +98	+186 +170	+193 +170	+202 +170
315	355	+80 +62	+87 +62	+98 +62	+119 +62	+151 +62	+126 +108	+133 +108	+144 +108	+165 +108	+197 +108	+208 +190	+215 +190	+226 +190
355	400						+132 +114	+139 +114	+150 +114	+171 +114	+203 +114	+226 +208	+233 +208	+244 +208
400	450	+88 +68	+95 +68	+108 +68	+131 +68	+165 +68	+146 +126	+153 +126	+166 +126	+189 +126	+223 +126	+252 +232	+259 +232	+272 +232
450	500						+152 +132	+159 +132	+172 +132	+195 +132	+229 +132	+272 +252	+279 +252	+292 +252

基本尺寸/mm		公差带												
		s		t				u				v		
大于	至	7	8	5	6	7	8	5	6	7	8	5	6	7
—	3	+24 +14	+28 +14	—	—	—	—	+22 +18	+24 +18	+28 +18	+32 +18	—	—	—
3	6	+31 +19	+37 +19	—	—	—	—	+28 +23	+31 +23	+35 +23	+41 +23	—	—	—
6	10	+38 +23	+45 +23	—	—	—	—	+34 +28	+37 +28	+43 +28	+50 +28	—	—	—
10	14	+46 +28	+55 +28	—	—	—	—	+41 +33	+44 +33	+51 +33	+60 +33	—	—	—
14	18			—	—	—	—					+47 +39	+50 +39	+57 +39

续表

基本尺寸/mm		公差带												
		s		t				u				v		
大于	至	7	8	5	6	7	8	5	6	7	8	5	6	7
18	24	+56 +35	+68 +35	—	—	—	—	+50 +41	+54 +41	+62 +41	+74 +41	+56 +47	+60 +47	+68 +47
24	30			+50 +41	+54 +41	+62 +41	+74 +41	+57 +48	+61 +48	+69 +48	+81 +48	+64 +55	+68 +55	+76 +55
30	40	+68 +43	+82 +43	+59 +48	+64 +48	+73 +48	+87 +48	+71 +60	+76 +60	+85 +60	+99 +60	+79 +68	+84 +68	+93 +68
40	50			+65 +54	+70 +54	+79 +54	+93 +54	+81 +70	+86 +70	+95 +70	+109 +70	+92 +81	+97 +81	+106 +81
50	65	+83 +53	+90 +53	+79 +66	+85 +66	+96 +66	+112 +66	+100 +87	+106 +87	+117 +87	+138 +87	+115 +102	+121 +102	+132 +102
65	80	+89 +59	+105 +59	+88 +75	+94 +75	+105 +75	+121 +75	+115 +102	+121 +102	+132 +102	+148 +102	+133 +120	+139 +120	+150 +120
80	100	+106 +71	+125 +71	+106 +91	+113 +91	+126 +91	+145 +91	+139 +124	+146 +124	+159 +124	+178 +124	+161 +146	+168 +146	+181 +146
100	120	+114 +79	+133 +79	+119 +104	+126 +104	+139 +104	+158 +104	+159 +144	+166 +144	+179 +144	+198 +144	+187 +172	+194 +172	+207 +172
120	140	+132 +92	+155 +92	+140 +122	+147 +122	+162 +122	+185 +122	+188 +170	+195 +170	+210 +170	+233 +170	+220 +202	+227 +202	+242 +202
140	160	+140 +100	+163 +100	+152 +134	+159 +134	+174 +134	+197 +134	+208 +190	+215 +190	+230 +190	+253 +190	+246 +228	+253 +228	+268 +228
160	180	+148 +108	+171 +108	+164 +146	+171 +146	+186 +146	+209 +146	+228 +210	+235 +210	+250 +210	+273 +210	+270 +252	+277 +252	+292 +252

180	200	+168 +122	+194 +122	+186 +166	+195 +166	+212 +166	+238 +166	+256 +236	+265 +236	+282 +236	+308 +236	+304 +284	+313 +284	+330 +284
200	225	+176 +130	+202 +130	+200 +180	+209 +180	+226 +180	+252 +180	+278 +258	+287 +258	+304 +258	+330 +258	+330 +310	+339 +310	+356 +310
225	250	+186 +140	+212 +140	+216 +196	+225 +196	+242 +196	+268 +196	+304 +284	+313 +284	+330 +284	+356 +284	+360 +340	+369 +340	+386 +340
250	280	+210 +158	+239 +158	+241 +218	+250 +218	+270 +218	+299 +218	+338 +315	+347 +315	+367 +315	+396 +315	+408 +385	+417 +385	+437 +385
280	315	+222 +170	+251 +170	+263 +240	+272 +240	+292 +240	+321 +240	+373 +350	+382 +350	+402 +350	+431 +350	+448 +425	+457 +425	+477 +425
315	355	+247 +190	+279 +190	+293 +268	+304 +268	+325 +268	+357 +268	+415 +390	+426 +390	+447 +390	+479 +390	+500 +475	+511 +475	+532 +475
335	400	+265 +208	+297 +208	+319 +294	+330 +294	+351 +294	+383 +294	+460 +435	+471 +435	+492 +435	+524 +435	+555 +530	+566 +530	+587 +530
400	450	+295 +232	+329 +232	+357 +330	+370 +330	+393 +330	+427 +330	+517 +490	+530 +490	+553 +490	+587 +490	+622 +595	+635 +595	+658 +595
450	500	+315 +252	+349 +252	+387 +360	+400 +360	+423 +360	+457 +360	+567 +540	+580 +540	+603 +540	+637 +540	+687 +660	+700 +660	+723 +660

注：基本尺寸小于 1mm 时，各级的 a 和 b 均不采用。

附表四 孔的极限偏差

基本尺寸/mm		公差带												
		A				B				C				
大于	至	9	10	11	12	9	10	11	12	8	9	10	11	12
—	3	+295	+310	+330	+370	+165	+180	+200	+240	+74	+85	+100	+120	+160
		+270	+270	+270	+270	+140	+140	+140	+140	+60	+60	+60	+60	+60
3	6	+300	+318	+345	+390	+170	+188	+215	+260	+88	+100	+118	+145	+190
		+270	+270	+270	+270	+140	+140	+140	+140	+70	+70	+70	+70	+70
6	10	+316	+338	+370	+430	+186	+208	+240	+300	+102	+116	+138	+170	+230
		+280	+280	+280	+280	+150	+150	+150	+150	+80	+80	+80	+80	+80
10	14	+333	+360	+400	+470	+193	+220	+260	+330	+122	+138	+165	+205	+275
14	18	+290	+290	+290	+290	+150	+150	+150	+150	+95	+95	+95	+95	+95
18	24	+352	+384	+430	+510	+212	+244	+290	+370	+143	+162	+194	+240	+320
24	30	+300	+300	+300	+300	+160	+160	+160	+160	+110	+110	+110	+110	+110
30	40	+372	+410	+470	+560	+232	+270	+330	+420	+159	+182	+220	+280	+370
		+310	+310	+310	+310	+170	+170	+170	+170	+120	+120	+120	+120	+120
40	50	+382	+420	+480	+570	+242	+280	+340	+430	+169	+192	+230	+290	+380
		+320	+320	+320	+320	+180	+180	+180	+180	+130	+130	+130	+130	+130
50	65	+414	+460	+530	+640	+264	+310	+380	+490	+186	+214	+260	+330	+440
		+340	+340	+340	+340	+190	+190	+190	+190	+140	+140	+140	+140	+140
65	80	+434	+480	+550	+660	+274	+320	+390	+500	+196	+224	+270	+340	+450
		+360	+360	+360	+360	+200	+200	+200	+200	+150	+150	+150	+150	+150
80	100	+467	+520	+600	+730	+307	+360	+440	+570	+224	+257	+310	+390	+520
		+380	+380	+380	+380	+220	+220	+220	+220	+170	+170	+170	+170	+170
100	120	+497	+550	+630	+760	+327	+380	+460	+590	+234	+267	+320	+400	+530
		+410	+410	+410	+410	+240	+240	+240	+240	+180	+180	+180	+180	+180

120	140	+560 +460	+620 +460	+710 +460	+860 +460	+360 +260	+420 +260	+510 +260	+660 +260	+263 +200	+300 +200	+360 +200	+450 +200	+600 +200
140	160	+620 +520	+680 +520	+770 +520	+920 +520	+380 +280	+440 +280	+530 +280	+680 +280	+273 +210	+310 +210	+370 +210	+460 +210	+610 +210
160	180	+680 +580	+740 +580	+830 +580	+980 +580	+410 +310	+470 +310	+560 +310	+710 +310	+293 +230	+330 +230	+390 +230	+480 +230	+630 +230
180	200	+775 +660	+845 +660	+950 +660	+1120 +660	+455 +340	+525 +340	+630 +340	+800 +340	+312 +240	+355 +240	+425 +240	+530 +240	+700 +240
200	225	+855 +740	+925 +740	+1030 +740	+1200 +740	+495 +380	+565 +380	+670 +380	+840 +380	+332 +260	+375 +260	+445 +260	+550 +260	+720 +260
225	250	+935 +820	+1005 +820	+1110 +820	+1280 +820	+535 +420	+605 +420	+710 +420	+880 +420	+352 +280	+395 +280	+465 +280	+570 +280	+740 +280
250	280	+1050 +920	+1130 +920	+1240 +920	+1440 +920	+610 +480	+690 +480	+800 +480	+1000 +480	+381 +300	+430 +300	+510 +300	+620 +300	+820 +300
280	315	+1180 +1050	+1260 +1050	+1370 +1050	+1570 +1050	+670 +540	+750 +540	+860 +540	+1060 +540	+411 +330	+460 +330	+540 +330	+650 +330	+850 +330
315	355	+1340 +1200	+1430 +1200	+1560 +1200	+1770 +1200	+740 +600	+830 +600	+960 +600	+1170 +600	+449 +360	+500 +360	+590 +360	+720 +360	+930 +360
355	400	+1490 +1350	+1580 +1350	+1710 +1350	+1920 +1350	+820 +680	+910 +680	+1040 +680	+1250 +680	+489 +400	+540 +400	+630 +400	+760 +400	+970 +400
400	450	+1655 +1500	+1750 +1500	+1900 +1500	+2130 +1500	+915 +760	+1010 +760	+1160 +760	+1390 +760	+537 +440	+595 +440	+690 +440	+840 +440	+1070 +440
450	500	+1805 +1650	+1900 +1650	+2050 +1650	+2280 +1650	+995 +840	+1090 +840	+1240 +840	+1470 +840	+577 +480	+635 +480	+730 +480	+880 +480	+1110 +480

续表

基本尺寸/mm		公差带												
		D				E				F				
大于	至	7	8	9	10	11	7	8	9	10	6	7	8	9
—	3	+30 +20	+34 +20	+45 +20	+60 +20	+80 +20	+24 +14	+28 +14	+39 +14	+54 +14	+12 +6	+16 +6	+20 +6	+31 +6
3	6	+42 +30	+48 +30	+60 +30	+78 +30	+105 +30	+32 +20	+38 +20	+50 +20	+68 +20	+18 +10	+22 +10	+28 +10	+40 +10
6	10	+55 +40	+62 +40	+76 +40	+98 +40	+130 +40	+40 +25	+47 +25	+61 +25	+83 +25	+22 +13	+28 +13	+35 +13	+49 +13
10 14	14 18	+68 +50	+77 +50	+93 +50	+120 +50	+160 +50	+50 +32	+59 +32	+75 +32	+102 +32	+27 +16	+34 +16	+43 +16	+59 +16
18 24	24 30	+86 +65	+98 +65	+117 +65	+149 +65	+195 +65	+61 +40	+73 +40	+92 +40	+124 +40	+33 +20	+41 +20	+53 +20	+72 +20
30 40	40 50	+105 +80	+119 +80	+142 +80	+180 +80	+240 +80	+75 +50	+89 +50	+112 +50	+150 +50	+41 +25	+50 +25	+64 +25	+87 +25
50 65	65 80	+130 +100	+146 +100	+174 +100	+220 +100	+290 +100	+90 +60	+106 +60	+134 +60	+180 +60	+49 +30	+60 +30	+76 +30	+104 +30
80 100	100 120	155 +120	+174 +120	+207 +120	+260 +120	+340 +120	+107 +72	+126 +72	+159 +72	+212 +72	+58 +36	+71 +36	+90 +36	+123 +36
120 140 160	140 160 180	+185 +145	+208 +145	+245 +145	+305 +145	+395 +145	+125 +85	+148 +85	+185 +85	+245 +85	+68 +43	+83 +43	+106 +43	+143 +43
180 200 225	200 225 250	+216 +170	+242 +170	+285 +170	+355 +170	+460 +170	+146 +100	+172 +100	+215 +100	+285 +100	+79 +50	+96 +50	+122 +50	+165 +50

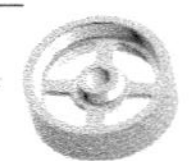

250	280	+242	+271	+320	+400	+510	+162	+191	+240	+320	+88	+108	+137	+186
280	315	+190	+190	+190	+190	+190	+110	+110	+110	+110	+56	+56	+56	+56
315	355	+267	+299	+350	+440	+570	+182	+214	+265	+355	+98	+119	+151	+202
355	400	+210	+210	+210	+210	+210	+125	+125	+125	+125	+62	+62	+62	+62
400	450	+293	+327	+385	+480	+630	+198	+232	+290	+385	+108	+131	+165	+223
450	500	+230	+230	+230	+230	+230	+135	+135	+135	+135	+68	+68	+68	+68

基本尺寸/mm		公差带												
		G				H								
大于	至	5	6	7	8	1	2	3	4	5	6	7	8	9
—	3	+6 +2	+8 +2	+12 +2	+16 0	+0.8 0	+1.2 0	+2 0	+3 0	+4 0	+6 0	+10 0	+14 0	+25 0
3	6	+9 +4	+12 +4	+16 +4	+22 4	+1 0	+1.5 0	+2.5 0	+4 0	+5 0	+8 0	+12 0	+18 0	+30 0
6	10	+11 +5	+14 +5	+20 +5	+27 +5	+1 0	+1.5 0	+2.5 0	+4 0	+6 0	+9 0	+15 0	+22 0	+36 0
10 14	14 18	+14 +6	+17 +6	+24 +6	+33 +6	+1.2 0	+2 0	+3 0	+5 0	+8 0	+11 0	+18 0	+27 0	+43 0
18 24	24 30	+16 +7	+20 +7	+28 +7	+40 +7	+1.5 0	+2.5 0	+4 0	+6 0	+9 0	+13 0	+21 0	+33 0	+52 0
30 40	40 50	+20 +9	+25 +9	+34 +9	+48 +9	+1.5 0	+2.5 0	+4 0	+7 0	+11 0	+16 0	+25 0	+39 0	+62 0
50 65	65 80	+23 +10	+29 +10	+40 +10	+56 +10	+2 0	+3 0	+5 0	+8 0	+13 0	+19 0	+30 0	+46 0	+74 0
80 100	100 120	+27 +12	+34 +12	+47 +12	+66 +12	+2.5 0	+4 0	+6 0	+10 0	+15 0	+22 0	+35 0	+54 0	+87 0

续表

基本尺寸/mm		公差带												
		G				H								
大于	至	5	6	7	8	1	2	3	4	5	6	7	8	9
120	140	+32 +14	+39 +14	+54 +14	+77 +14	+3.5 0	+5 0	+8 0	+12 0	+18 0	+25 0	+40 0	+63 0	+100 0
140	160													
160	180													
180	200	+35 +15	+44 +15	+61 +15	+87 +15	+4.5 0	+7 0	+10 0	+14 0	+20 0	+29 0	+46 0	+72 0	+115 0
200	225													
225	250													
250	280	+40 +17	+49 +17	+69 +17	+98 +17	+6 0	+8 0	+12 0	+16 0	+23 0	+32 0	+52 0	+81 0	+130 0
280	315													
315	355	+43 +18	+54 +18	+75 +18	+107 +18	+7 0	+9 0	+13 0	+18 0	+25 0	+36 0	+57 0	+89 0	+140 0
355	400													
400	450	+47 +20	+62 +20	+83 +20	+117 +20	+8 0	+10 0	+15 0	+20 0	+27 0	+40 0	+63 0	+97 0	+155 0
450	500													

基本尺寸/mm		公差带												
		H				J			JS					
大于	至	10	11	12	13	6	7	8	1	2	3	4	5	6
—	3	+40 0	+60 0	+100 0	+140 0	+2 −4	+4 −6	+6 −8	±0.4	±0.6	±1	±1.5	±2	±3
3	6	+48 0	+75 0	+120 0	+180 0	+5 −3	—	+10 +8	±0.5	±0.75	±1.25	±2	±2.5	±4

6	10	+58 0	+90 0	+150 0	+220 0	+5 −4	+8 −7	+12 −10	±0.5	±075	±1.25	±2	±3	±4.5
10	14	+70 0	+110 0	+180 0	+270 0	+6 −5	+10 −8	+15 −12	±0.6	±1	±1.5	±2.5	±4	±5.5
14	18													
18	24	+84 0	+130 0	+210 0	+330 0	+8 −5	+12 −9	+20 −13	±0.75	±1.25	±2	±3	±4.5	±6.5
24	30													
30	40	+100 0	+160 0	+250 0	+390 0	+10 −6	+14 −11	+24 −15	±0.75	±1.25	±2	±3.5	±5.5	±8
40	50													
50	65	+120 0	+190 0	+300 0	+460 0	+13 −6	+18 −12	+28 −18	±1	±1.5	±2.5	±4	±6.5	±9.5
65	80													
80	100	+140 0	+220 0	+350 0	+540 0	+16 −6	+22 −13	+34 −20	±1.25	±2	±3	±5	±7.5	±11
100	120													
120	140	+160 0	+250 0	+400 0	+630 0	+18 −7	+26 −14	+41 −22	±1.75	±2.5	±4	±6	±9	±12.5
140	160													
160	180													
180	200	+185 0	+290 0	+460 0	+720 0	+22 −7	+30 −16	+47 −25	±2.25	±3.5	±5	±7	±10	±14.5
200	225													
225	250													
250	280	+210 0	+320 0	+520 0	+810 0	+25 −7	+36 −16	+55 −26	±3	±4	±6	±8	±11.5	±16
280	315													
315	355	+230 0	+360 0	+570 0	+890 0	+29 −7	+39 −18	+60 −29	±3.5	±4.5	±6.5	±9	±12.5	±18
355	400													
400	450	+250 0	+400 0	+630 0	+970 0	+33 −7	+43 −20	+66 −31	±4	±5	±7.5	±10	±13.5	±20
450	500													

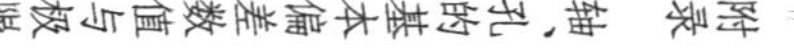

续表

基本尺寸/mm		公差带												
		JS							L					M
大于	至	7	8	9	10	11	12	13	4	5	6	7	8	4
—	3	±5	±7	±12	±20	±30	±50	±70	0 −3	0 −4	0 −6	0 −10	0 −14	−2 −5
3	6	±6	±9	±15	±24	±37	±60	±90	+0.5 −3.5	0 −5	+2 −6	+3 −9	+5 −13	−2.5 −6.5
6	10	±7	±11	±18	±29	±45	±75	±110	+0.5 −3.5	+1 −5	+2 −7	+5 −10	+6 −16	−4.5 −8.5
10	14	±9	±13	±21	±35	±55	±90	±135	+1 −4	+2 −6	+2 −9	+6 −12	+8 −19	−5 −10
14	18													
18	24	±10	±16	±26	±42	±65	±105	±165	0 −6	+1 −8	+2 −11	+6 −15	+10 −23	−6 −12
24	30													
30	40	±12	±19	±31	±50	±80	±125	±195	+1 −6	+2 −9	+3 −13	+7 −18	+12 −27	−6 −13
40	50													
50	65	±15	±23	±37	±60	±95	±150	±230	+1 −7	+3 −10	+4 −15	+9 −21	+14 −32	−8 −16
65	80													
80	100	±17	±27	±43	±70	±110	±175	±270	+1 −9	+2 −13	+4 −18	+10 −25	+16 −38	−9 −19
100	120													
120	140	±20	±31	±50	±80	±125	±200	±315	+1 −11	+3 −15	+4 −21	+12 −28	+20 −43	−11 −23
140	160													
160	180													

180	200	±23	±36	±57	±92	±145	±230	±360	0 −14	+2 −18	+5 −24	+13 −33	+22 −50	+13 −27
200	225													
225	250													
250	280	±26	±40	±65	±105	±160	±260	±405	0 −16	+3 −20	+5 −27	+16 −36	+25 −56	−16 −32
280	315													
315	355	±28	±44	±70	±115	±180	±285	±445	+1 −17	+3 −22	+7 −29	+17 −40	+28 −61	−16 −34
355	400													
400	450	±31	±48	±77	±125	±200	±315	±485	0 −20	+2 −25	+8 −32	+18 −45	+29 −68	−18 −38
450	500													

基本尺寸/mm		公差带												
		M				N					P			
大于	至	5	6	7	8	5	6	7	8	9	5	6	7	8
—	3	−2 −6	−2 −8	−2 −12	−2 −16	−4 −8	−4 −10	−4 −14	−4 −18	−4 −29	−6 −10	−6 −12	−6 −16	−6 −20
3	6	−3 −8	−1 −9	0 −12	+2 −16	−7 −12	−5 −13	−4 −16	−2 −20	0 −30	−11 −16	−9 −17	−8 −20	−12 −30
6	10	−4 −10	−3 −12	0 −15	+1 −21	−8 −14	−7 −16	−4 −19	−3 −25	0 −36	−13 −19	−12 −21	−9 −24	−15 −37
10	14	−4 −12	−4 −15	0 −18	+2 −25	−9 −17	−9 −20	−5 −23	−3 −30	0 −43	−15 −23	−15 −25	−11 −29	−18 −42
14	18													
18	24	−5 −14	−4 −17	0 −21	+4 −29	−12 −21	−11 −24	−7 −28	−3 −36	0 −52	−19 −28	−18 −31	−14 −35	−22 −55
24	30													
30	40	−5 −16	−4 −20	0 −25	+5 −34	−13 −24	−12 −28	−8 −33	−3 −42	0 −62	−22 −33	−21 −37	−17 −42	−26 −65
40	50													

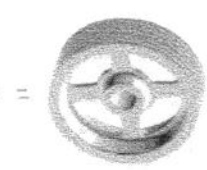

续表

基本尺寸/mm		公差带												
		M				N					P			
大于	至	5	6	7	8	5	6	7	8	9	5	6	7	8
50 65	65 80	−6 −19	−5 −24	0 −30	+5 +41	−15 −28	−14 −33	−9 −39	−4 −50	0 −74	−27 −40	−26 −45	−21 −51	−32 −78
80 100	100 120	−8 −23	−6 −28	0 −35	+6 −48	−18 −33	−16 −38	−10 −45	−4 −58	0 −87	−32 −47	−30 −52	−24 −59	−37 −91
120 140 160	140 160 180	−9 −27	−9 −33	0 −40	+8 −55	−21 −39	−20 −45	−12 −52	−4 −67	0 −100	−37 −55	−36 −61	−28 −68	−43 −106
180 200 225	200 225 250	−11 −31	−8 −37	0 −46	+9 −63	−25 −45	−22 −51	−14 −60	−5 −77	0 −115	−44 −64	−41 −70	−33 −79	−50 −122
250 280	280 315	−13 −36	−9 −41	0 −52	+9 −72	−27 −50	−25 −57	−14 −66	−5 −86	0 −130	−49 −72	−47 −79	−36 −88	−36 −137
315 355	355 400	−14 −39	−10 −46	0 −57	+11 −78	−30 −55	−26 −62	−16 −73	−5 94	0 −140	−55 −80	−51 87	−41 −98	−62 −151
400 450	450 500	−16 −43	−10 −50	0 −63	+11 −86	−33 −60	−27 −67	−17 −80	−6 −103	0 −155	−61 −88	−55 −95	−45 −108	−68 −165

基本尺寸/mm		公差带												
		P	R				S				T			U
大于	至	9	5	6	7	8	5	6	7	8	6	7	8	6
—	3	−6 −31	−10 −14	−10 −16	−10 −20	−10 −24	−14 −18	−14 −20	−14 −24	−14 −28	—	—	—	−18 −24

3	6	−12 −42	−14 −19	−12 −20	−11 −23	−15 −33	−18 −23	−16 −24	−15 −27	−19 −37	—	—	—	−20 −28
6	10	−15 −51	−17 −23	−16 −25	−13 −28	−19 −41	−21 −27	−20 −29	−17 −32	−23 −45	—	—	—	−25 −34
10	14	−18 −61	−20 −28	−20 −31	−16 −34	−23 −50	−25 −33	−25 −36	−21 −39	−28 −55	—	—	—	−30 −41
14	18													
18	24	−22 −74	−25 −34	−24 −37	−20 −41	−28 −61	−32 −41	−31 −44	−27 −48	−35 −68	—	—	—	−37 −50
24	30										−37 −50	−33 −54	−41 −74	−44 −57
30	40	−26 −88	−30 −41	−29 −45	−25 −50	−34 −73	−39 −50	−38 −54	−34 −59	−43 −82	−43 −59	−39 −64	−48 −87	−55 −71
40	50										−49 −65	−45 −70	−54 −93	−65 −81
50	65	−32 −106	−36 −49	−35 −54	−30 −60	−41 −87	−48 −61	−47 −66	−42 −72	−53 −99	−60 −79	−55 −85	−66 −112	−81 −100
65	80		−38 −51	−37 −56	−32 −62	−43 −89	−54 −67	−53 −72	−48 −78	−59 −105	−69 −88	−64 −94	−75 −121	−96 −115
80	100	−37 −124	−46 −61	−44 −66	−38 −73	−51 −105	−66 −81	−64 −86	−58 −93	−71 −125	−84 −106	−78 −113	−91 −145	−117 −139
100	120		−49 −64	−47 −69	−41 −76	−54 −108	−74 −89	−72 −94	−66 −101	−79 −133	−97 −119	−91 −126	−104 −158	−137 −159
120	140	−43 −143	−57 −75	−56 −81	−48 −88	−63 −126	−86 −104	−85 −110	−77 −117	−92 −155	−115 −140	−107 −147	−122 −185	−163 −188
140	160		−59 −77	−58 −83	−50 −90	−65 −128	−94 −112	−93 −118	−85 −125	−100 −163	−127 −152	−119 −159	−134 −197	−183 −208
160	180		−62 −80	−61 −86	−53 −93	−68 −131	−102 −120	−101 −126	−93 −133	−108 −171	−139 −164	−131 −171	−146 −209	−203 −228

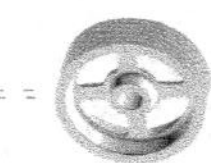

续表

基本尺寸/mm		公差带												
		P	R				S				T			U
大于	至	9	5	6	7	8	5	6	7	8	6	7	8	6
180	200	−50 −165	−71 −91	−68 −97	−60 −106	−77 −149	−116 −136	−113 −142	−105 −151	−122 −194	−157 −186	−149 −195	−166 −238	−227 −256
200	225		−74 −94	−71 −100	−63 −109	−80 −152	−124 −144	−121 −150	−113 −159	−130 −202	−171 −200	−163 −209	−180 −252	−249 −278
225	250		−78 −98	−75 −104	−67 −113	−84 −156	−134 −154	−131 −160	−123 −169	−140 −212	−187 −216	−179 −225	−196 −268	−275 −304
250	280	−56 −186	−87 −110	−85 −117	−74 −126	−94 −175	−151 −174	−149 −181	−138 −190	−158 −239	−209 −241	−198 −250	−218 −299	−306 −338
280	315		−94 −114	−89 −121	−78 −130	−98 −179	−163 −186	−161 −193	−150 −202	−170 −251	−231 −263	−220 −272	−240 −321	−341 −373
315	355	−62 −202	−101 −126	−97 −133	−87 −144	−108 −197	−183 −208	−179 −215	−169 −226	−190 −279	−257 −293	−247 −304	−268 −357	−379 −415
355	400		−107 −132	−103 −139	−93 −150	−114 −203	−201 −226	−197 −233	−187 −244	−208 −297	−283 −319	−273 −330	−294 −383	−424 −460
400	450	−68 −223	−119 −146	−113 −153	−103 −166	−126 −223	−225 −252	−219 −259	−209 −272	−232 −329	−317 −357	−307 −370	−330 −427	−477 −517
450	500		−125 −152	−119 −159	−109 −172	−132 −229	−245 −272	−239 −279	−229 −292	−252 −349	−347 −387	−337 −400	−360 −457	−527 −567

基本尺寸/mm		公差带													
		U		V			X			Y			Z		
大于	至	7	8	6	7	8	6	7	8	6	7	8	6	7	8
—	3	−18 −28	−18 −32	—	—	—	−20 −26	−20 −30	−20 −34	—	—	—	−26 −32	−26 −36	−26 −40

3	6	−19 −31	−23 −41	—	—	—	−25 −33	−24 −36	−28 −46	—	—	—	−32 −40	−31 −43	−34 −53
6	10	−22 −37	−28 −50	—	—	—	−31 −40	−28 −43	−34 −56	—	—	—	−39 −48	−36 −51	−42 −64
10	14	−26 −44	−33 −60	—	—	—	−37 −48	−33 −51	−40 −67	—	—	—	−47 −58	−43 −61	−50 −77
14	18			−36 −47	−32 −50	−39 −66	−42 −53	−38 −56	−45 −72	—	—	—	−57 −68	−53 −71	−60 −87
18	24	−33 −54	−41 −74	−43 −56	−39 −60	−47 −80	−50 −63	−46 −67	−54 −87	−59 −72	−55 −76	−63 −96	−69 −82	−65 −86	−73 −106
24	30	−40 −61	−48 −81	−51 −64	−47 −68	−55 −88	−60 −73	−56 −77	−64 −97	−71 −84	−67 −88	−75 −108	−84 −97	−80 −101	−88 −121
30	40	−51 −76	−60 −99	−63 −79	−59 −84	−68 −107	−75 −91	−71 −96	−80 −119	−89 −105	−85 −110	−94 −133	−107 −123	−103 −128	−112 −151
40	50	−61 −86	−70 −109	−76 −92	−72 −97	−81 −120	−92 −108	−88 −113	−97 −136	−109 −125	−105 −130	−114 −153	−131 −147	−127 −152	−136 −175
50	65	−76 −106	−87 −133	−96 −115	−91 −121	−102 −148	−116 −135	−111 −141	−122 −168	−138 −157	−133 −163	−144 −190	−166 −185	−161 −191	−172 −218
65	80	−91 −121	−102 −148	−114 −133	−109 −139	−120 −166	−140 −165	−135 −165	−146 −192	−168 −187	−163 −193	−174 −220	−240 −223	−199 −229	−210 −256
80	100	−111 −146	−124 −178	−139 −161	−133 −168	−146 −200	−171 −193	−165 −200	−178 −232	−207 −229	−201 −236	−214 −268	−251 −273	−245 −280	−258 −312
100	120	−131 −166	−144 −198	−165 −187	−159 −194	−172 −226	−203 −225	−197 −232	−210 −264	−247 −269	−241 −276	−254 −308	−303 −325	−297 −332	−310 −364
120	140	−155 −195	−170 −233	−195 −220	−187 −227	−202 −265	−241 −266	−233 −273	−248 −311	−293 −318	−285 −325	−300 −363	−358 −383	−350 −390	−365 −426

续表

基本尺寸/mm		公差带													
		U		V			X			Y			Z		
大于	至	7	8	6	7	8	6	7	8	6	7	8	6	7	8
140	160	−175 −215	−190 −253	−221 −246	−213 −291	−228 −291	−273 −298	−265 −305	−280 −343	−333 −358	−325 −365	−340 −403	−408 −433	−400 −440	−415 −478
160	180	−195 −235	−210 −273	−245 −270	−237 −277	−252 −315	−303 −328	−295 −335	−310 −373	−373 −398	−365 −405	−380 −443	−458 −483	−450 −490	−465 −528
180	200	−219 −265	−236 −308	−275 −304	−267 −313	−284 −356	−341 −370	−333 −379	−350 −422	−416 −445	−408 −454	−425 −497	−511 −540	−503 −549	−520 −592
200	225	−241 −287	−258 −330	−301 −330	−293 −339	−310 −382	−376 −405	−368 −414	−385 −457	−461 −490	−453 −499	−470 −542	−566 −595	−558 −604	−575 −647
225	250	−267 −313	−284 −356	−331 −360	−323 −369	−340 −412	−416 −445	−408 −454	−425 −497	−511 −540	−503 −592	−520 −592	−631 −660	−623 −669	−640 −712
250	280	−295 −347	−315 −396	−376 −408	−365 −417	−385 −466	−466 −498	−455 −507	−475 −556	−571 −603	−560 −612	−580 −661	−701 −733	−690 −742	−710 −791
280	315	−330 −382	−350 −431	−416 −448	−405 −457	−425 −506	−516 −548	−505 −557	−525 −506	−641 −673	−630 −682	−650 −731	−781 −813	−770 −822	−790 −871
315	355	−369 −426	−390 −479	−464 −500	−454 −511	−475 −564	−579 −615	−560 −626	−590 −679	−719 −755	−709 −766	−730 −819	−889 −925	−879 −936	−900 −989
355	400	−414 −471	−435 −524	−519 −555	−509 −566	−530 −619	−649 −685	−636 −696	−660 −749	−809 −845	−799 −856	−820 −909	−989 −1025	−979 −1036	−1000 −1089
400	450	−467 −530	−490 −587	−582 −622	−572 −635	−595 −692	−727 −767	−717 −780	−740 −837	−907 −947	−897 −969	−920 −1017	−1087 −1127	−1077 −1140	−1100 −1197
450	500	−517 −580	−540 −637	−647 −687	−637 −700	−660 −757	−807 −847	−797 −860	−820 −917	−987 −1027	−977 −1040	−1000 −1097	−1237 −1277	−1227 −1290	−1250 −1347

注：1）基本尺寸小于1mm时，各级的A和B均不采用。
2）当基本尺寸大于250至315mm时，M6的ES等于−9（不等于−11）。
3）基本尺寸小于1mm时，大于IT8的N不采用。

参考文献

才家刚.2007.图解常用量具的使用方法和测量实例.北京:机械工业出版社
陈于萍,周兆元.2006.互换性与测量技术.北京:机械工业出版社
傅成昌,傅晓燕.2007.公差与配合问答.北京:机械工业出版社
胡照海.2006.公差配合与测量技术.北京:人民邮电出版社
刘巽尔.2002.互换性与测量技术.北京:中央广播电视大学出版社
隗东伟.2006.极限配合与测量技术基础.北京:化学工业出版社
邢闽芳等.2007.互换性与测量技术.北京:清华大学出版社
张泰昌.2007.长度计量工培训读本.北京:化学工业出版社
邹燕.2006.测量技术基本常识与技能训练.北京:高等教育出版社